职业教育规划教材

电机拖动与控制

华艳秋　周左晗　编著

苏州大学出版社
Soochow University Press

图书在版编目(CIP)数据

电机拖动与控制 / 华艳秋,周左晗编著. —苏州：苏州大学出版社,2020.1
职业教育规划教材
ISBN 978-7-5672-2939-6

Ⅰ.①电… Ⅱ.①华… ②周… Ⅲ.①电机-电力传动-高等职业教育-教材②电机-控制系统-高等职业教育-教材 Ⅳ.①TM30

中国版本图书馆 CIP 数据核字(2019)第 278788 号

全书共分为六部分,以项目引领的形式,分别阐述直流电机的原理、直流电机的电力拖动、变压器的原理及分析、异步交流电机的原理、异步交流电机的电力拖动等内容。为适应职业院校学生的培养特点,本书以"必须、够用"为原则,删减了一部分复杂且陈旧的理论及推导,增加了一些实用的维修与维护知识点,更适合于对学生技能的培养。

本书可作为普通中职、高职、高专学校自动化、电气工程及其自动化、机电一体化等专业的教材,也可作为成人高校、夜大等相关专业课程的教材,并可供有关工程技术人员参考。

电机拖动与控制

华艳秋　周左晗　编著

责任编辑　肖　荣

苏州大学出版社出版发行
(地址：苏州市十梓街1号　邮编：215006)
镇江文苑制版印刷有限责任公司印装
(地址：镇江市黄山南路18号润州花园6-1号　邮编：212000)

开本 787 mm×1 092 mm　1/16　印张 12.25　字数 273 千
2020 年 1 月第 1 版　2020 年 3 月第 1 次印刷
ISBN 978-7-5672-2939-6　　定价：39.00 元

苏州大学版图书若有印装错误,本社负责调换
苏州大学出版社营销部　电话：0512-67481020
苏州大学出版社网址　http://www.sudapress.com
苏州大学出版社邮箱　sdcbs@suda.edu.cn

Preface 前言

"电机拖动与控制"课程是电气自动化、机电一体化等机电类专业的一门专业基础课程，它以电路与磁路课程为基础，将"电机学""电力拖动"等课程有机综合为一门课程，学好这门课程是学好后续专业课程的重要前提。

本书参照相关的国家职业技能标准和行业职业技能鉴定规范，结合目前职业学校学生的基础和教学设备状况、电机及拖动技术的更新发展，根据电气类课程改革要求，本着"工学结合、项目引导"的原则编写。在编写时注重贯彻"以能力为本位"的职业教育思想，从学生的实际出发，精选内容，降低难度，突出重点知识，采用项目式教学方式，以任务为引领，有很强的实用性，如增加了设备运行维护与故障检修项目，通过学习理论知识指导技能实践，理论联系实际，实现了"教、学、做"一体，使学生在理解知识的同时，又提高了分析、解决问题的能力。

本书共分六部分。项目1介绍直流电机的结构、工作原理、计算及运行分析；项目2介绍直流电机的电力拖动，包括启动、制动及调速的分析和计算；项目3介绍变压器的结构和工作原理，以及空载运行与负载运行的分析和计算；项目4介绍异步交流电机的结构和工作原理，以及空载与负载的运行分析和工作特性；项目5介绍交流电机的电力拖动，包括启动、制动及调速的分析与计算；项目6介绍其他用途的电机的情况，包括步进电机、伺服电机及同步电机等内容。

本书由上海工程技术大学高等职业技术学院的华艳秋、周左晗编著。另外，参加编写工作的还有解大琴、马东玲、张文蔚、张媛、江山等。

在本书编写过程中，编著者参考了一些文献，并引用了其中的一些资料，难以一一列举，在此一并向这些文献的作者表示衷心的感谢。

由于编著者水平有限，书中难免存在疏漏与不妥之处，敬请读者批评指正。

编著者

2019年10月

目 录

项目1 直流电动机 · 1

任务1.1 认识直流电机 · 1
- 1.1.1 直流电机的基本结构 · 2
- 1.1.2 直流电机的工作原理 · 5
- 1.1.3 直流电动机的铭牌 · 7
- 1.1.4 直流电机的电枢绕组和磁场 · 9
- 1.1.5 直流电机的换向 · 16

任务1.2 直流电机的计算及运行分析 · 20
- 1.2.1 直流电机感应电动势和电磁转矩的计算 · 20
- 1.2.2 直流电动机的基本方程和工作特性分析 · 22
- 1.2.3 直流发电机的基本方程和工作特性分析 · 27

任务1.3 直流电动机的运行维护与故障检修 · 31
- 1.3.1 直流电动机的使用与维护 · 31
- 1.3.2 直流电动机常见故障检修 · 32
- 1.3.3 直流电动机的检修训练 · 33

小结 · 34
思考与练习题 · 35

项目2 直流电动机的电力拖动 · 37

任务2.1 他励直流电动机的机械特性 · 37
- 2.1.1 直流电动机的机械特性方程式 · 38
- 2.1.2 电力拖动系统稳定运行的条件 · 44

任务2.2 他励直流电动机的启动 · 45
- 2.2.1 直接启动 · 45

  2.2.2 电枢回路串电阻启动 …………………………………… 46
  2.2.3 减压启动 ………………………………………………… 48
 任务 2.3 他励直流电动机的制动 ……………………………………… 49
  2.3.1 能耗制动 ………………………………………………… 49
  2.3.2 反接制动 ………………………………………………… 51
  2.3.3 回馈制动 ………………………………………………… 54
 任务 2.4 他励直流电动机的调速 ……………………………………… 56
  2.4.1 调速指标 ………………………………………………… 56
  2.4.2 调速方法 ………………………………………………… 57
 小结 …………………………………………………………………………… 59
 思考与练习题 ………………………………………………………………… 60

项目 3 变压器 …………………………………………………………… 62

 任务 3.1 认识变压器 …………………………………………………… 62
  3.1.1 变压器的结构 …………………………………………… 63
  3.1.2 变压器的工作原理 ……………………………………… 65
  3.1.3 变压器的分类、铭牌及额定值 ………………………… 66
 任务 3.2 变压器的运行分析 …………………………………………… 69
  3.2.1 变压器的空载运行分析 ………………………………… 69
  3.2.2 变压器的负载运行分析 ………………………………… 76
  3.2.3 变压器的参数测定 ……………………………………… 81
 任务 3.3 变压器的运行特性 …………………………………………… 84
  3.3.1 变压器的外特性 ………………………………………… 85
  3.3.2 电压变化率 ……………………………………………… 85
  3.3.3 变压器的效率 …………………………………………… 86
 任务 3.4 三相变压器 …………………………………………………… 87
  3.4.1 三相变压器的磁路系统 ………………………………… 88
  3.4.2 单相变压器的连接组别 ………………………………… 90
  3.4.3 三相变压器的连接组别 ………………………………… 91
  3.4.4 三相变压器的并联运行 ………………………………… 93
 任务 3.5 其他常用变压器 ……………………………………………… 96
  3.5.1 自耦变压器 ……………………………………………… 96

3.5.2　电压互感器 …………………………………………………………… 99
　　3.5.3　电流互感器 …………………………………………………………… 99
任务 3.6　变压器的维修与维护 …………………………………………………… 100
小结 ………………………………………………………………………………… 104
思考与练习题 ……………………………………………………………………… 105

项目 4　三相异步电动机 …………………………………………………………… 107

任务 4.1　认识三相异步电动机 …………………………………………………… 107
　　4.1.1　三相异步电动机的结构及工作原理 ………………………………… 108
　　4.1.2　三相异步电动机的分类及铭牌 ……………………………………… 113
　　4.1.3　三相异步电动机的定子绕组 ………………………………………… 115
　　4.1.4　三相异步电动机的电动势和磁动势 ………………………………… 118

任务 4.2　三相异步电动机的运行分析 …………………………………………… 121
　　4.2.1　交流电动机的空载运行分析 ………………………………………… 121
　　4.2.2　交流电动机的负载运行分析 ………………………………………… 124

任务 4.3　三相异步电动机的电磁分析 …………………………………………… 127
　　4.3.1　三相异步电动机的平衡方程 ………………………………………… 127
　　4.3.2　电磁转矩 ……………………………………………………………… 129
　　4.3.3　三相异步电动机的工作特性 ………………………………………… 131

任务 4.4　三相异步电动机的维修与维护 ………………………………………… 132
　　4.4.1　三相异步电动机的使用与维护 ……………………………………… 132
　　4.4.2　三相异步电动机常见故障维修 ……………………………………… 134

小结 ………………………………………………………………………………… 140
思考与练习题 ……………………………………………………………………… 141

项目 5　三相异步电动机的电力拖动 ……………………………………………… 142

任务 5.1　三相异步电动机的机械特性 …………………………………………… 142
　　5.1.1　电磁转矩表达式 ……………………………………………………… 142
　　5.1.2　机械特性 ……………………………………………………………… 145

任务 5.2　三相异步电动机的启动 ………………………………………………… 150
　　5.2.1　启动概述 ……………………………………………………………… 150
　　5.2.2　三相笼型异步电动机的启动 ………………………………………… 151
　　5.2.3　三相绕线式异步电动机的启动 ……………………………………… 157

		任务 5.3　三相异步电动机的制动 ……………………………………………… 159
			5.3.1　反接制动 ………………………………………………………………… 159
			5.3.2　能耗制动 ………………………………………………………………… 161
			5.3.3　回馈制动 ………………………………………………………………… 162
		任务 5.4　三相异步电动机的调速 ……………………………………………… 164
			5.4.1　变极调速 ………………………………………………………………… 164
			5.4.2　变频调速 ………………………………………………………………… 166
			5.4.3　变转差率调速 …………………………………………………………… 168
		小结 ……………………………………………………………………………………… 169
		思考与练习题 …………………………………………………………………………… 170

项目 6　其他用途的电机 ……………………………………………………………… 172

		任务 6.1　认识步进电动机 ……………………………………………………… 172
			6.1.1　步进电动机的结构及工作原理 …………………………………………… 173
			6.1.2　步进电动机的性能指标和驱动电源 ……………………………………… 174
		任务 6.2　认识伺服电动机 ……………………………………………………… 175
			6.2.1　交流伺服电动机 …………………………………………………………… 176
			6.2.2　直流伺服电动机 …………………………………………………………… 177
			6.2.3　伺服电动机的应用 ………………………………………………………… 178
		任务 6.3　认识同步电机 ………………………………………………………… 178
			6.3.1　同步电机的基本工作原理 ………………………………………………… 179
			6.3.2　同步电机的铭牌与结构 …………………………………………………… 181
		小结 ……………………………………………………………………………………… 184
		思考与练习题 …………………………………………………………………………… 185

参考文献 ……………………………………………………………………………………… 186

项目 1　直流电动机

直流电机是实现机械能和直流电能相互转换的设备,包括直流发电机和直流电动机,两者具有可逆性。把机械能转换为直流电能的电机称为直流发电机;反之,把直流电能转换为机械能的电机称为直流电动机。

直流发电机能提供直流电源,应用于各种工矿企业中,在电力系统中主要用作同步发电机的励磁机。但是由于直流电机具有换向器,因此结构较交流电机复杂,加上近年来半导体的迅速发展,交流与直流的变换技术应用方案很多,一些必须使用直流发电机的部门也采用交直流变换技术实现供电,在某些场合半导体整流电源已能代替直流发电机,如大容量的同步发电机已采用交流励磁系统替代了直流励磁机。

直流电动机最大的优点是具有良好的启动和调速性能,能在很宽的范围内平滑经济地调速,低速运行特别是启动时具有较大的转矩,所以在调速要求较高的场合,如电车、电力机车、轧钢机、吊车等方面应用广泛。直流电动机的主要缺点是结构复杂、生产成本较高、维护费用高,功率不能做得太大。随着电力电子技术、控制理论、微控制器技术等的飞速发展,配合半导体调速系统的交流电动机,在某些场合也有取代直流电动机的趋势。

但是目前直流电机仍具有使用方便可靠、波形好、对电源干扰小等优点,所以无论直流发电机还是直流电动机,在许多场合仍占有重要地位。此外,直流电机的结构和分析方法是电机理论的重要组成部分,因此仍将直流电机作为电机拖动与控制理论中的一章。

任务 1.1　认识直流电机

【任务设置】

作为电气自动化等专业的相关技术人员,我们经常会用到直流电机,要准确使用和控制直流电机,有必要掌握直流电机的工作原理,认识其结构和绕组构成,能够读懂其铭牌数据。

【任务目标】

① 掌握直流电机的结构及各组成部分的主要功能。
② 掌握直流发电机和直流电动机的工作原理及其可逆原理。

③ 了解直流电机的电枢绕组及其磁场分布。
④ 了解直流电机的几种主要励磁方式。
⑤ 了解直流电机的型号及意义,并能从数据上看出该电机的主要性能。
⑥ 了解直流电机的换向及改善换向的方法。

【相关知识】

1.1.1 直流电机的基本结构

直流电机由静止的定子和旋转的转子两大部分构成。通常把产生磁场的部分做成静止的,称为定子;把产生感应电动势或电磁转矩的部分做成旋转的,称为转子(又称为电枢)。直流电动机和直流发电机在主要结构上基本相同,两者具有可逆性。常用的中小型直流电机的结构如图 1-1 所示,主要由定子、转子、电刷装置、端盖、轴承、通风冷却系统等部件组成。

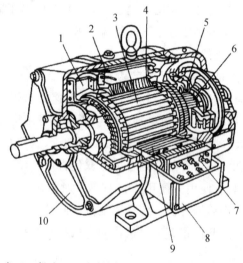

1—风扇;2—机座;3—电枢;4—主磁极;5—刷架;6—换向器;
7—接线板;8—出线盒;9—换向器;10—端盖。

图 1-1 直流电机的结构图

1. 定子

定子用来产生磁场和起机械支撑作用,由主磁极、换向磁极、机座、端盖和电刷装置等组成。

(1) 主磁极

主磁极的作用是产生主磁场。主磁极由主磁极铁芯和套在铁芯上的励磁绕组组成,如图 1-2 所示。主磁极铁芯分为极身和极靴两部分,极身用来套装励磁绕组,极靴的作用是支撑励磁绕组和改善气隙磁通密度的波形。为了减少涡流损耗,主磁极铁芯一般用 0.5～1.5 mm 厚的硅钢片或低碳钢板冲片叠压而成,并用铆钉铆紧,然后固定在机座上。励磁绕组用圆形截面或矩形截面的绝缘铜导线绕制而成。各主磁极的励磁绕组串联相接,但要使其通入直流励磁电流后,产生的磁场的极性沿定子内圆按N、S极交替排列。

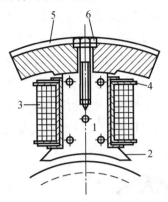

1—主磁极铁芯;2—极靴;3—励磁绕组;4—绕组绝缘;5—机座;6—螺栓。

图1-2 直流电机主磁极

(2) 换向磁极

换向磁极又称为附加磁极。换向磁极安装在相邻两个主磁极之间的几何中性线上,其作用是改善直流电机的换向。换向磁极的几何尺寸小于主磁极,也是由换向磁极铁芯和套装在铁芯上的换向磁极绕组构成的。一般换向磁极的铁芯用整块钢板制成,对换向性能要求较高的电机,换向磁极铁芯则用1～1.5mm厚的钢片叠压而成。换向磁极绕组与电枢绕组串联,一般由扁铜线绕成,由于通过的电枢电流较大,因此换向磁极绕组导线截面较大、匝数较少。为防止磁路饱和,换向磁极与转子间的气隙较大,且该气隙可以调整。换向磁极的极数与主磁极的极数相同。

(3) 机座与端盖

机座又称为磁轭,起到支撑电机并构成相邻磁极间磁的通路的作用。机座一般用铸钢或薄钢板焊接成圆形或多边形,如图1-3所示。机座有两种形式,一种称为整体机座,另一种称为叠片机座。整体机座用导磁效果较好的铸钢材料制成,这种机座同时起到导磁和支撑固定的作用。叠片机座的磁轭和机座是分开的,磁轭由薄钢板冲片叠压而成,机座只起到支撑固定作用,所以可用普通钢板制成。叠片机座主要用于主磁通变化快、调速范围要求大的场合。机座的两端各有一个端盖,用于保护电机和防止触电。

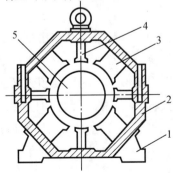

1—机座;2—磁轭;3—主磁极;4—换向磁极;5—电枢。

图1-3 多边形机座示意图

(4) 电刷装置

直流电机通过电刷装置使电枢和外电路连通,将直流电压、电流引入或引出电枢绕组。电刷装置主要由电刷、刷握、刷杆及刷杆座等部件组成,如图1-4所示。电刷一般由石墨和铜粉压制焙烧而成,放在刷握中,用压紧弹簧压在换向器的表面上。刷握固定在刷杆上,通过钢丝辫把电刷和电刷杆相连,用以引入或导出电流。每个刷杆装有若干个刷握和相同数目的电刷,并把这些电刷并联成为电刷组。电刷组的数目可以用刷杆数表示,刷杆数与电机的主磁极数相等。正常运行时,电刷杆相对于换向器表面有一个正确的位置,调整电刷杆的位置,就同时调整了各电刷组在换向器上的位置。

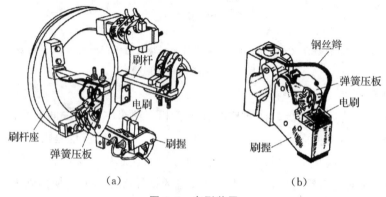

图1-4 电刷装置

2. 转子

转子又称为电枢,其作用是在主磁场的作用下产生感应电动势和电流,并产生电磁转矩,从而实现机电能量转换。转子由电枢铁芯、电枢绕组、换向器、风扇、转轴等组成。

(1) 电枢铁芯

电枢铁芯的作用是构成电机的磁路和安放电机绕组。通过电枢铁芯的磁通是交变的,为降低涡流损耗和磁滞损耗,电枢铁芯通常用0.35 mm或0.5 mm厚的冲有齿、槽的硅钢片叠装而成。为了加强散热能力,电枢铁芯上沿轴向开有通风孔;对于容量较大的电机,电枢铁芯沿轴向分成数段,每段长40~100 mm,段与段之间空出8~10 mm的径向通风道。需说明的是,这些轴向通风道是由铁芯叠片上预留的通风孔叠压而形成的。

(2) 电枢绕组

电枢绕组是实现机电能量转换的关键部件,其作用是在磁场作用下,产生感应电动势和电磁转矩,从而实现机电能量的转换。通常小型直流电机的电枢绕组用圆导线制成元件,嵌放在铁芯槽内;较大容量的电机则用矩形截面的导线预先做成元件,嵌放在铁芯槽内。每个元件的引线端头按一定的规律与换向片连接。元件的槽内部分的上、下层之间及与铁芯之间垫以绝缘,并用绝缘的槽楔把元件压紧在槽中。元件的槽外部分用绝缘带或无纬玻璃丝带绑扎和固定。

(3) 换向器

换向器又称为整流子。对于直流发电机而言,它的主要作用是把电枢绕组中感应的交流电转换为电刷两端输出的直流电;对于直流电动机而言,它将电源输入的直流电转换为电枢绕组中的交流电。换向器的结构如图1-5所示。换向器由换向片组合而成,是直流电机的关键部件,也是最薄弱的部分。

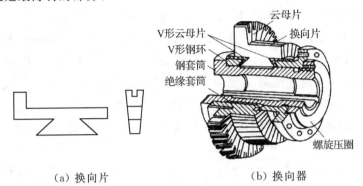

图1-5 换向器结构

换向片的底部做成燕尾形状。各换向片叠成圆筒形套入钢套筒上,相邻换向片间用云母片绝缘,换向片下部的燕尾嵌在V形钢环内,换向片与V形钢环之间用V形云母片绝缘,整个装置最后由螺旋压圈压紧,固定在转轴的一端。

1.1.2 直流电机的工作原理

图1-6中显示了直流电动机的最简单模型。N和S是一对固定的磁极(即定子),可以是电磁铁,也可以是永久磁铁。磁极之间有一个可以转动的铁质圆柱体,称为电枢铁芯(即转子)。铁芯表面固定一个电枢线圈abcd,线圈的两端分别接到相互绝缘的两个半圆形铜片(换向片)上,它们组合在一起被称为换向器,在每个半圆形铜片上又分别放置一个固定不动而与之滑动接触的电刷A和B,线圈abcd通过换向器和电刷接通外电路。

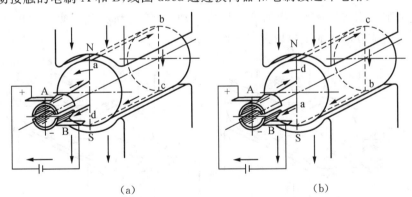

图1-6 直流电动机工作原理

1. 直流电动机的基本工作原理

直流电动机的基本工作原理遵循电磁力定律,即在一定条件下,通电导体在磁场中受到电磁力的作用而运动,这个电磁力就是电动机拖动机械负载运动的原始动力。图1-6为直流电动机工作原理示意图。

其工作原理说明如下。如图1-6(a)所示,将外部直流电源的正极加在电刷A上,负极加在电刷B上,则线圈abcd中有电流流过。在导体ab中,电流由a指向b;在导体cd中,电流由c指向d。导体ab和cd分别处于N、S极所产生的磁场中,则必然要受到电磁力的作用。由左手定则判断可知:导体ab和cd所受电磁力而形成的转矩(力与力臂的乘积)方向一致。该转矩称为电磁转矩,为逆时针方向,因此电枢顺着逆时针方向开始旋转。当电枢旋转180°时,导体cd转到N极下,ab转到S极下,如图1-6(b)所示。由于电流仍从电刷A流入,使cd中的电流变为由d流向c,而ab中的电流由b流向a,从电刷B流出。由左手定则判断可知:电磁转矩的方向仍是逆时针方向,电枢继续逆时针旋转。可见,导体ab和cd虽然在不同的时刻处于不同的磁极之下,但是所受电磁力形成的电磁转矩的转动效果不变。

由此可见,加在直流电动机上的直流电源,借助于换向器和电刷的作用,使直流电动机电枢线圈中流过的电流方向虽然是交变的,但电枢所产生的电磁转矩的转向恒定不变,确保了直流电动机朝着确定的方向连续旋转。这就是直流电动机的基本工作原理。

然而,在实际的生产和生活中,直流电动机旋转的是磁极,而不是电枢;而且电枢圆周上均匀地嵌放许多线圈,而不是单匝线圈。相应地换向器由许多换向片组成,使电枢线圈所产生的总电磁转矩足够大并且比较均匀,电动机的转速也就比较均匀。

由此可以归纳出直流电动机的基本工作原理是:直流电动机在外加电压的作用下,在导体中形成电流,载流导体在磁场中将受到电磁力的作用,由于换向器的作用,导体进入异名磁极时,导体中的电流方向也相应改变,从而保证了电磁转矩的方向始终不变,使得直流电动机能够连续旋转,把直流电能转换成机械能输出。

2. 直流发电机的基本工作原理

直流发电机的基本工作原理遵循的是电磁感应定律,即在一定条件下,导体在磁场中运动,导体因切割"磁力线"(磁感线)而产生感应电动势,该电动势就是直流发电机的供电电源。图1-7为直流发电机的工作原理示意图。

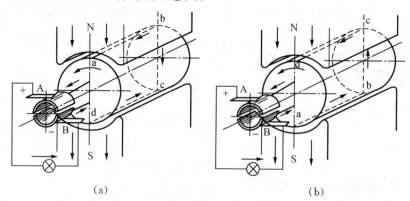

图1-7 直流发电机工作原理

直流发电机的结构与直流电动机的结构完全一样,只不过是直流电动机的外加直流电源改为吸取电能的负载,直流电动机所拖动的机械负载改接为外界提供机械能的原动机。

其工作原理说明如下。如图1-7(a)所示,导体ab和cd分别切割N极和S极下的磁力线,产生感应电动势,电动势的方向可用右手螺旋定则来确定:导体ab中电动势的方向由b指向a,导体cd中电动势的方向由d指向c,在一个串联回路中相互叠加,形成电刷A为电源正极、电刷B为电源负极的极性。电枢转过180°时,导体cd与导体ab交换位置,但电刷的正负极性不变,如图1-7(b)所示。可见,同直流电动机一样,直流发电机电枢线圈中的感应电动势的方向也是交变的,而通过换向器和电刷的整流作用,在电刷A、B上输出的电动势是极性不变的直流电动势。在电刷A、B之间接上负载,发电机就能向负载供给直流电能。

线圈每转一周,线圈abcd的感应电动势方向就改变两次,由此可见,在直流发电机的内部,线圈中产生的感应电动势是交变电动势。由于电枢不断地转动,线圈中电动势方向不断地改变,但是在换向片的作用下,电刷的极性始终保持不变,依靠换向器的作用,使外电路获得直流电能。换向器的作用就表现为将电枢绕组中的交变电动势转换成电刷间极性不变的脉动直流电动势。为了使发电机能够产生比较平稳的电动势,实际应用中的直流发电机在电枢表面绕有许多个线圈,它们经过合理的串、并联后就能使电刷间得到比较恒定的直流电动势。

由此可以归纳出直流发电机的基本工作原理是:直流发电机在原动机的拖动下转动,电枢上的导体切割"磁力线"而产生交变电动势,再通过换向器的整流作用,在电刷间获得直流电压输出,从而实现了将机械能转换成直流电能的目的。

3. 直流电机的可逆原理

由直流电机的结构和工作原理可知,直流电机是具有可逆性的,即它既可以作为电动机使用,也可以作为发电机使用。当它作为电动机运行时,通电的线圈导体在磁场中受到电磁力的作用,产生电磁转矩并拖动机械负载转动,从而将直流电能转换成机械能输出。当它作为发电机运行时,外加转矩拖动转子旋转,线圈产生感应电动势,接通负载以后提供直流电流,从而将机械能转换成电能。

从以上分析可以看出,一台直流电机运行时,究竟是作为电动机运行,还是作为发电机运行,主要取决于外界的不同条件。若将直流电源加在电刷上,输入电能,电机将电能转换为机械能,拖动生产机械旋转,作为电动机运行;若用原动机拖动直流电机的电枢旋转,输入机械能,电机将机械能转换为直流电能,从电刷上引出直流电动势,作为发电机运行。同一台电机,既能作为电动机运行,又能作为发电机运行的原理,就称为电机的可逆原理。

1.1.3 直流电动机的铭牌

每一台直流电机上都带有一块铭牌,上面列出了一些具体的数据,称为额定值。表1-1所示为某一直流电动机的铭牌。

表 1-1　直流电动机的铭牌

直流电动机		
标准编号		
型号 Z3-31	1.1 kW	110 V
13.45 A	1 500 r/min	励磁方式 他励
励磁电压 110 V	励磁电流 0.713 A	
绝缘等级 B	定额 SI	质量 59 kg
出厂编号	出厂日期××××年×月	
××××电机厂		

直流电机的铭牌数据主要包括型号和额定值。铭牌上的数据是电机制造厂按照国家标准和该型电机的特定情况,规定电机在额定运行状态时的各种运行数据,也是对用户提出的使用说明及要求,以便用户能正确使用直流电机。

1. 型号

型号是由一串字母和数字按照一定的次序组合而成的,表明该电机所属的系列及主要特点。直流电机的型号中字母和数字都具有特定的含义,例如:

Z3-42(老型号)型号中,从右往左各数字和字母的含义是:

2:铁芯代号,表示 2 号铁芯;

4:机座代号,表示 4 号机座;

3:设计序号,表示第三次设计;

Z:产品代号,表示直流电机。

Z4-200-21(新型号)型号中,从右往左各数字和字母的含义是:

1:端盖代号;

2:电枢铁芯长度代号(1 表示短铁芯,2 表示长铁芯);

200:电机中心高度(mm);

4:设计序号,表示第四次改型设计;

Z:产品代号,表示直流电机。

2. 额定值

直流电机的额定值主要有以下 10 个。

(1) 额定功率 P_N

它是指电机在额定状态下,长期运行所允许的输出功率。对发电机而言,是指输出的电功率;对电动机而言,是指轴上输出的机械功率。单位为千瓦(kW)。

(2) 额定电压 U_N

它是指正常工作时出线端的电压值。对发电机而言,是指在额定运行时的端电压;对电动机而言,是指额定运行时电源输入的电压。单位为伏(特)或千伏(V 或 kV)。

(3) 额定电流 I_N

它是指电机在正常工作时输出或输入的最大电流值。对发电机而言,是指在额定运行时供给负载的最大电流;对电动机而言,是指额定运行时从电源输入的电流。单位为安(培)(A)。

(4) 额定转速 n_N

它是指电机在电压、电流和输出功率均为额定值时转子旋转的速度。单位为转/分(r/min)。

(5) 励磁方式

它表示励磁绕组和电枢绕组的连接关系,有他励和自励两类,自励又可分为并励、串励和复励等不同形式。

(6) 额定励磁电压 U_{fN}

它是指加在励磁绕组两端的额定电压。单位为伏(特)(V)。

(7) 额定励磁电流 I_{fN}

它是指电机额定运行时,励磁绕组里所通过的额定电流。单位为安(培)(A)。

(8) 定额(工作方式)

它是指电机在额定运行时能持续工作的时间和顺序。电机定额分为连续、短时和断续几种方式,分别用 S1、S2、S3 表示。

① 连续定额(S1):表示电机在额定工作状态下可以长期连续运行。

② 短时定额(S2):表示电机在额定工作状态下,只能在规定的时间内短期运行,我国规定的短时运行时间有 10 min、30 min、60 min 及 90 min 四种。

③ 断续定额(S3):表示电机运行一段时间后,就要停止一段时间,只能周期性地重复运行,每一周期为 10 min。断续定额用负载持续率表示,即

$$负载持续率 = \frac{工作时间}{工作周期} \times 100\% = \frac{工作时间}{工作时间 + 停车时间} \times 100\%$$

我国规定的负载持续率有 15%、25%、40% 及 60% 四种。例如,持续率为 15% 时,1.5 min 为工作时间,8.5 min 为停车时间。

(9) 温升

电机各发热部分的温度与周围介质温度之差称为温升。温升限度是指电机在额定工作状态下运行时,各发热部分的允许最高温升,它与电机的绝缘等级以及测温的方法有关。

(10) 绝缘等级

它表示电机各绝缘部分所用的绝缘材料的等级,详细说明可查阅相关手册。

1.1.4　直流电机的电枢绕组和磁场

1. 直流电机的电枢绕组

直流电机的电枢绕组是产生感应电动势和电磁转矩,实现机电能转换的核心部件。在叙述直流电机工作原理时,为简化分析,仅在电枢上设置了少量的线圈。而在实际的直流电机中,其电枢表面均匀分布的槽内嵌放了许多线圈,以增加电机的感应电动势和电磁转矩,

并可降低感应电动势的脉动。这些线圈按一定规律与换向器连接起来,组成了直流电机的电枢绕组。

线圈的边是产生感应电动势和电磁转矩的有效元件,简称元件,元件数用 S 表示。每个元件的首尾分别与换向片连接,为尽可能增加电动机的电磁转矩且保持方向一致,应使各元件同时有电流通过;为使发电机输出的感应电动势增加且方向相同,应使各元件的感应电动势同时输出。因此每个元件应按一定方式与换向片连接,使电枢绕组形成一个闭合绕组,才能满足上述要求。电枢绕组每个元件的匝数可以是1,也可以大于1,即可以是单匝也可以是多匝,如图 1-8 所示。元件依次嵌放在电枢槽内,一条元件边放在槽的上层,另一条边放在另一槽的下层,构成双层绕组,如图 1-9 所示。

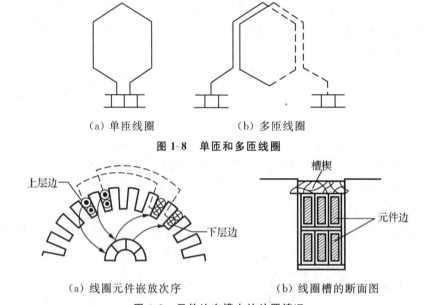

(a) 单匝线圈　　　　(b) 多匝线圈

图 1-8　单匝和多匝线圈

(a) 线圈元件嵌放次序　　　　(b) 线圈槽的断面图

图 1-9　元件边在槽内的放置情况

按照元件首尾端与换向片连接规律的不同,电枢绕组可分为叠绕组和波绕组,如图 1-10 所示。叠绕组又有单叠和复叠之分,波绕组也有单波和复波之分。单叠绕组是直流电机电枢绕组的基本形式,下面仅简要介绍单叠绕组。

如图 1-10(a)所示,单叠绕组的连接特点是元件的首尾两端分别接到相邻的两个换向片上,并且前一元件的尾端与后一元件的首端接在同一换向片上。在图 1-10(a)中上层元件边用实线表示,下层元件边用虚线表示,所有相邻元件依次串联,形成一个闭合回路。将元件的两条边在电枢表面所跨的距离称为第一节距,用 y_1 表示(一般用两条边所跨的槽数计算);同一换向片连接的两个元件边在电枢表面所跨的距离称为第二节距,用 y_2 表示;一个元件的首尾两端所接的两个换向片之间所跨的距离称为换向节距,用 y_k 表示(一般用换向片数 k 计算),单叠绕组的换向节距为1;前一线圈与后一线圈对应元件边在电枢表面所跨的距离称为合成节距,用 y 表示。单叠绕组的支路由电刷引出,支路数等于电刷数,电刷数等于被短路的元件数,也等于磁极数。

图 1-10(b)所示单波绕组中参数的含义同上述单叠绕组。

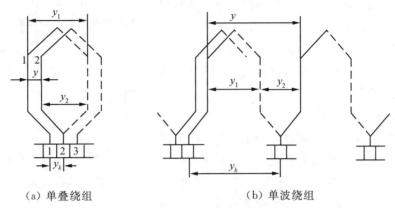

(a) 单叠绕组　　　　　　(b) 单波绕组

图 1-10　绕组的连接形式

在实际的电机中,往往采用绕组元件串联或并联的方法,使电机能产生更大的电磁转矩或提高其输出功率。例如,将若干元件串联起来组成支路,可以提高电机的感应电动势;将若干支路并联,则会增大电机的电流,即可增加电磁转矩。

2. 直流电机的磁场

(1) 主磁场

电机空载运行是指电机出线端没有电流输出,或电动机轴上不带机械负载,即电枢电流为零的运行状态。这时的气隙磁场只由主磁极的励磁电流所产生,所以直流电机空载时的气隙磁场,又称为励磁磁场。

当直流电机空载运行时,电枢绕组中的电流为零(作为发电机运行)或很小(作为电动机运行)。如果忽略电枢电流产生的磁场,则直流电机空载时的气隙磁场只有励磁电流产生的主磁场,如图 1-11 所示。空载时的磁通根据路径分为两部分。一部分是由 N 极出发,经气隙、电枢铁芯、气隙、S 极、定子磁轭回到原来的 N 极,这部分磁通称为主磁通,记为 Φ_0,它经过的磁路称为主磁路。另一小部分磁通,它们不进入电枢铁芯,而是直接经过相邻的磁极或定子磁轭形成闭合回路,这部分磁通称为漏磁通,记为 Φ_σ,它经过的磁路称为漏磁路。主磁通是主要的,它在电枢绕组中产生感应电动势和电磁转矩,起机电能量转换的作用。

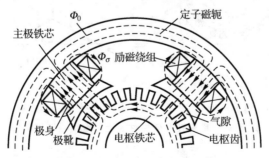

图 1-11　四极直流电机的空载磁场分布

直流电机空载时,主磁通的磁通密度取决于气隙的大小和形状。一般情况下,磁极中心及其附近的气隙较小且均匀不变,所以磁通密度较大而且基本为常数;靠近两极尖处,气隙逐渐变大,磁通密度减小;超出极尖以外,气隙明显增大,磁通密度显著减小;在磁极的几何中性线(相邻两主磁极之间的中性线)处,气隙磁通的密度为零。因此,直流电机空载时主磁极磁通密度的分布是一个平顶波。当规定磁通由电枢进入磁极为正,反之为负时,主磁场的波形如图 1-12 所示。

(2) 电枢磁场

当直流电机负载运行时,电枢绕组中有电流流过,该电流产生的磁场称为电枢磁场。此时气隙磁场

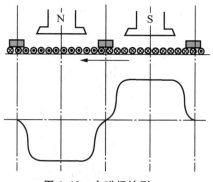

图 1-12 主磁场波形

包含励磁电流产生的主磁场和电枢电流产生的电枢磁场。为了单独分析电枢磁场,假设主磁极励磁绕组中没有励磁电流,主磁场为零。由于电刷的位置决定了各支路所在的空间几何位置,从而影响主磁场和电枢磁场在空间的相对位置,故在分析电枢磁场时,分以下两种情况讨论。

① 电刷位于几何中性线上。

这时的电枢磁场和电枢磁动势如图 1-13 所示。以电刷为界,电枢上半周导体中电流的方向是流出纸面,下半周导体中电流的方向是流入纸面。根据右手螺旋定则,确定电枢磁动势建立的磁场分布如图 1-13(a)中虚线所示。此时,电刷放在几何中性线上,电枢磁动势的轴线也在几何中性线上,它与主磁极磁动势轴线正交,所以称为交轴电枢磁动势。由图 1-13(b)可见,电枢磁动势 $F_a(x)$ 沿气隙呈三角形分布。由于磁通密度 $B_a(x)$ 与磁动势成正比,与气隙长度成反比,而且在极靴下气隙是均匀的,因此磁密分布具有与磁动势相同的形状。在两主磁极之间,由于气隙变大,磁密分布下凹成马鞍形状,如图 1-13(b)所示。

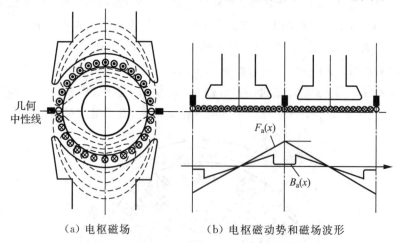

(a) 电枢磁场　　　(b) 电枢磁动势和磁场波形

图 1-13 电刷在几何中性线上时电枢磁势和磁场

② 电刷不在几何中性线上。

若电刷偏离几何中性线 β 角度,如图 1-14(a)所示,此时电枢导体可分为两部分:一是 2β 角以内的导体,它们产生的磁动势 F_{ad} 恰好与主磁极轴线重合,称为直轴电枢磁动势,简称直轴分量,如图 1-14(b)所示;二是 2β 角以外的导体,它们产生的磁动势 F_{aq} 恰好与主磁极轴线垂直正交,称为交轴电枢磁动势,简称交轴分量,如图 1-14(c)所示。

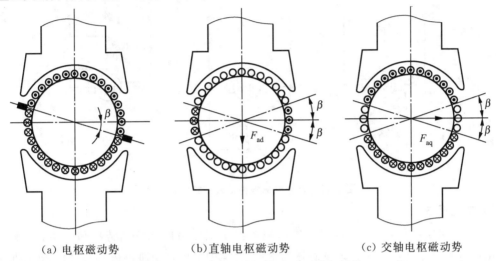

(a)电枢磁动势　　　　(b)直轴电枢磁动势　　　　(c)交轴电枢磁动势

图 1-14　电刷不在几何中性线上时电枢磁势

3. 直流电机的励磁方式

直流电机的主磁极磁场是定子励磁绕组中通入直流励磁电流产生的。主磁极上励磁绕组获得电源的方式称为励磁方式。根据励磁绕组和电枢绕组的连接方式不同,即励磁电流的获得方式不同,把直流电机分为他励和自励两类,其中自励又分为串励、并励和复励三种形式。

(1) 他励

如图 1-15(a)所示,他励直流电机的励磁绕组和电枢绕组没有电的联系,励磁电流由其他的独立电源供给。这种励磁方式的特点是励磁电流与电枢端电压和负载电流无关。用永久磁铁作为主磁极的电机属于他励电机。

(2) 自励

自励直流电机的励磁电流由电机自身供给,分为以下几种。

① 并励。

如图 1-15(b)所示,并励直流电机的励磁绕组和电枢绕组并联在一起,电枢两端的电压即为励磁绕组的端电压。所以,并励直流电机的特点是励磁电流随电枢端电压的变化而变化,励磁绕组匝数多、电阻大、电流小。

② 串励。

如图 1-15(c)所示,串励直流电机的励磁绕组和电枢绕组串联。所以,串励直流电机的特点是励磁电流等于电枢电流,励磁绕组匝数少、导线粗。

③ 复励。

复励直流电机在主磁极的铁芯上缠有两个励磁绕组,其中一个与电枢绕组并联,另一个与电枢绕组串联。当串励磁动势与并励磁动势方向相同时,称为积复励;当串励磁动势与并励磁动势方向相反时,称为差复励。通常复励直流电机以并励为主,并励绕组产生的磁动势占总磁动势的70%以上。

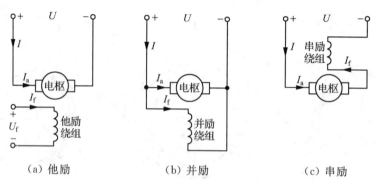

图 1-15 直流电机各种励磁方式的接线图

4. 电枢反应

直流电机空载运行时,电机中的气隙磁场仅由主磁极励磁磁动势单独产生;负载运行时,由于电枢磁动势所产生的电枢磁场的出现,气隙中的磁场由励磁磁动势和电枢磁动势共同产生。由于电枢磁动势的影响,负载时电机中的气隙磁场与空载时不同,这一现象称为电枢反应。当电刷的位置和电机的运行状态不同时,电枢反应的性质和作用也不同。

（1）电刷在几何中性线上时的电枢反应

当电刷在几何中性线上时,电枢磁场的轴线与主磁极磁场轴线正交,所以电枢磁动势为交轴磁动势,电枢磁场为交轴电枢磁场。交轴电枢磁场对主磁场的影响称为交轴电枢反应。

电机带上负载后,电机内气隙磁场由空载磁场和电枢磁场合成,合成磁场的分布情况及波形如图 1-16 所示。图 1-16 中,若磁路不饱和,磁通密度分布曲线 $B_\delta(x)$ 由电枢磁场的磁通密度分布曲线 $B_a(x)$ 和空载时气隙磁通密度分布曲线 $B_0(x)$ 叠加而成。

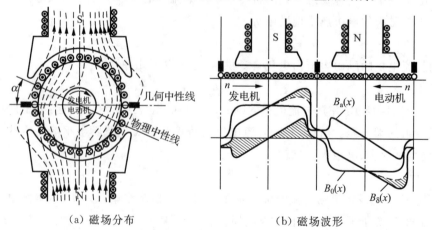

图 1-16 交轴电枢反应

综合以上分析,电刷在几何中性线上的电枢反应有以下特点:

① 气隙磁场的分布发生畸变。

作为发电机运行时,前极端(电枢转动时进入磁极的端)的磁场被削弱,而后极端(电枢离开磁极的端)的磁场被加强;作为电动机运行时,前极端的磁场被加强,而后极端的磁场被削弱。电枢电流越大,电枢磁场越强,气隙合成磁场畸变越严重。

② 使物理中性线偏离几何中性线 α 角。

电机空载时,在 N 极与 S 极的分界线处,磁场为零,此时的分界线称为物理中性线,几何中性线与物理中性线重合。负载后,由于电枢反应的影响,主磁极一半极面下磁场被增强,另一半极面下磁场被削弱,物理中性线偏离几何中性线。作为发电机运行时,物理中线性顺着旋转方向偏移 α 角;作为电动机运行时,物理中性线逆着旋转方向偏移 α 角。

③ 磁场削弱(去磁作用)。

在铁芯磁路不饱和时,每一个磁极下,电枢磁场对主磁极磁场的去磁作用和助磁作用是相同的(主磁场被削弱的数量等于被加强的数量),所以每一个磁极下的总磁通不变,每一个磁极磁通与空载时相同。但实际上,由于电机的磁路一般处于饱和状态,所以一半极面下所增加的磁通要比另一半极面下减少的磁通略少,每一个极面下的总磁通略有减少。所以说,电刷在几何中性线上时,电枢反应为交轴去磁电枢反应。

(2) 电刷不在几何中性线上时的电枢反应

如果电刷位置偏离几何中性线一个角度 β 时,如图 1-17 所示,电枢磁动势的轴线也随着电刷移动。为了分析方便起见,可以认为电枢磁动势由两部分组成。在 2β 角度范围内的导体所产生的磁动势为直轴电枢磁动势 F_{ad}。若其作用方向与主磁极极性相同,使主磁通增强,则呈助磁作用;若其作用方向与主磁极极性相反,使主磁通减弱,则呈去磁作用。在 2β 角度范围以外的导体所产生的磁动势为交轴电枢磁动势 F_{aq},其交轴电枢反应与前面的分析一样。

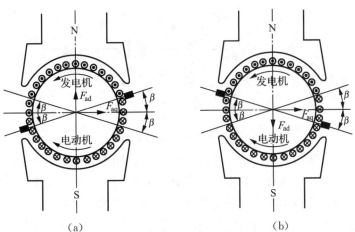

图 1-17 电枢偏离几何中性线 β 角度的电枢反应

电机作为发电机运行时，电刷顺着旋转方向从几何中性线移动一个角度 β，直轴电枢反应起去磁作用，如图 1-17(a)所示；电刷逆着电枢旋转方向移动一个角度 β，则直轴电枢反应起助磁作用，如图 1-17(b)所示。由于发电机的交轴电枢反应已使物理中性线顺着电枢转向移动了一个 α 角，若再将电刷逆着电枢转向移动，将使被电枢短接的元件产生较高的感应电动势，从而形成较大的环流，对换向器十分有害。故发电机不允许逆着电枢旋转方向移动电刷。

电机作为电动机运行时，情况恰好相反。电刷顺着电枢旋转方向从几何中性线移动 β 角，直轴电枢反应起助磁作用，如图 1-17(b)所示；电刷逆着电枢旋转方向从几何中性线移动 β 角，直轴电枢反应起去磁作用，如图 1-17(a)所示。同理，电动机不允许顺着电枢旋转方向移动电刷。

1.1.5　直流电机的换向

在分析直流电机绕组时知道，当电枢旋转时，组成电枢绕组每条支路的元件在依次循环地轮换。由于流过每条支路的电流方向是不变的，相邻支路中电流方向对绕组的闭合回路来说是相反的。直流电机在工作时，绕组元件连续不断地从一条支路退出而进入相邻的支路，在元件由一条支路转入另一条支路的过程中，元件中的电流就要改变一次方向。这种元件内电流方向改变的过程，就是所谓的换向。

图 1-18 是一个分为四条支路的电枢绕组示意图，整个闭合绕组通过电刷向外引出四条支路，各支路中的电流方向如图中箭头所示。当绕组元件和换向器旋转时，如元件 1 转过 30°机械角，就从右上方支路退出进入左上方支路，而变成了左上方支路元件，元件 1 中的电流就改变了方向。

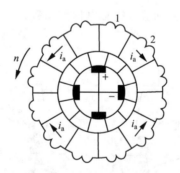

图 1-18　电枢绕组元件换向示意图

换向问题是带有换向器电机的一个专门问题。换向不良，将会在电刷下产生有害的火花，当火花超过一定程度，就会烧坏电刷和换向器，使电机不能继续运行。然而换向过程又是十分复杂的，电磁、机械和电化学等各方面因素相互交织在一起，至今人们还没有掌握其各种现象的物理实质。下面仅就换向的电磁现象以及改善换向的方法进行简单的介绍。

1. 换向的电磁现象

图 1-19 表示一个单叠绕组在一个电刷下的两个元件 1、2。设电刷宽度等于换向片的宽

度,电刷不动,换向器从右到左运动。当电刷与换向片 1 接触时,如图 1-19(a)所示,元件 1 属于右边一条支路,其中电流大小为 i_a,方向从右元件边流向左元件边,这时的电流为 $+i_a$。当电刷与换向片 1、2 同时接触时,如图 1-19(b)所示,元件 1 被电刷短路。当电刷与换向片 2 接触时,如图 1-19(c)所示,元件 1 就进入左边一条支路,电流反向为 $-i_a$。可见,元件 1 中的电流在被电刷短路过程中就改变了方向,即进行了换向。使电流进行换向的元件称为换向元件。换向过程所经过的时间称为换向周期 T_c。换向周期是极短的,只有千分之几秒,但元件中的电流则由 $+i_a$ 变换到 $-i_a$。如果换向元件中的电动势等于零,则电流变化规律大致如图 1-20 所示。但实际情况并非如此,因为在换向过程中换向元件中会出现以下两种电动势,这些电动势会影响电流的变化。

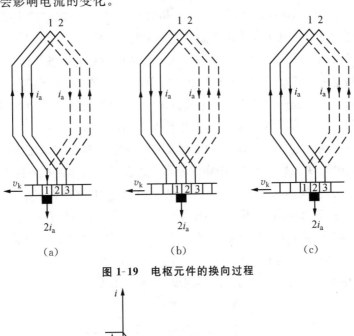

图 1-19 电枢元件的换向过程

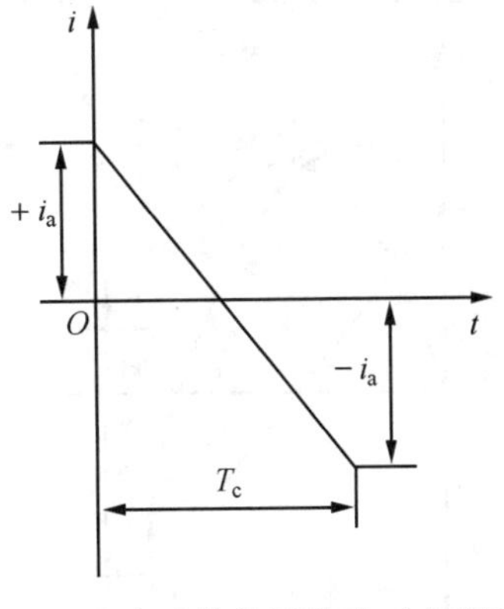

图 1-20 换向过程中电动势等于零时,电流随时间的变化关系

(1) 电抗电动势 e_x

换向时,换向元件中所通过的电流由 $+i_a$ 变为 $-i_a$,换向元件本身就是一个线圈,线圈必有自感作用。同时被电刷短路而进行换向的元件一般不止一个,换向元件与换向元件之间又有互感作用,因此在电流变化时,换向元件中必然出现由自感与互感作用所引起的感应电动势,这个合成电动势称为电抗电动势 e_x。由于所有电枢绕组元件(包括换向元件在内)中

电流所产生的电枢磁通密度分布在一定负载电流下是不变的,故电抗电动势仅由换向元件的漏自感与漏互感的磁通所感应产生,即

$$e_X = e_L + e_M = -L_X \frac{di_a}{dt} \approx L_X \frac{2i_a}{T_c}$$

根据楞次定律,这些漏感的作用总是在阻碍电流变化,因为电流在减少,所以其方向必与 $+i_a$ 方向相同。

(2) 电枢反应电动势 e_a

由于电刷放置在磁极轴线下的换向器上,换向元件的有效边就处于几何中性线上或其附近的区域中。在几何中性线处,虽然主磁场的磁通密度等于零,但是电枢磁场的磁通密度不等于零而为 B_a。因此,换向元件必然切割电枢磁场,而在其中感应产生一种旋转电动势,称为电枢反应电动势 e_a。其大小由电磁感应定律来确定,即 $e_a = 2N_y B_a l v$。这种电动势对电流换向的影响可由图 1-16 来说明,图中表示出电动机电枢反应磁场的分布及电流方向。根据左手定则可确定电动机旋转方向(图中为自右到左);根据右手螺旋定则确定换向元件边中的旋转电动势方向与换向前元件中的电流方向一致,因而电枢反应电动势 e_a 也总是阻碍换向元件电流的变化。同理可知,在发电机中情况也如此。

换向元件中出现的电抗电动势 e_X 和电枢反应电动势 e_a 均阻碍电流换向,使电流换向延迟。延迟换向的电流变化如图 1-21 中实线所示。这种情况与电流换向按直线关系相比,可以看出在同一时间内,换向元件中出现 $e_X + e_a$ 以后,电流变化要慢得多。当被电刷短路的换向元件瞬时断开时,附加电流 i_k 不为零,而为 i_{kT},换向元件中还储存一部分磁场能量,这部分能量将以弧光放电的方式转化为热能,散失在空气中,因而在电刷与换向片之间会出现火花。上述电抗电动势 e_X 及电枢反应电动势 e_a 的大小都和电枢电流成正比,又与电机的转速成正比,所以大电流高转速的电机会给换向带来更大的困难。

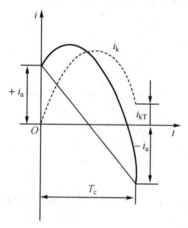

图 1-21 延迟换向时电流随时间的变化关系

2. 改善换向的方法

不良换向会给直流电机运行造成困难,所以要改善换向。改善换向的方法,都是从减小甚至消除附加电流 i_k 着手。

一般直流电机都在主极之间安装一个换向极,也称附加极或间极。装设换向极的目的,就是减少甚至抵消产生附加电流的两个电动势 e_x 和 e_a。因为换向极装在几何中性线上,它的磁动势也作用在几何中性线上,除抵消电枢磁动势在几何中性线处的作用外,剩余部分产生一个附加磁场 B_k,使换向元件切割 B_k 时产生的换向极电动势 e_k 的方向与电抗电动势 e_x 相反,以抵消 e_x。这样可以削弱甚至消除电流变化延迟的作用,使换向良好。

如何确定换向极的极性呢?因为电枢反应电动势 e_a 的方向与电抗电动势 e_x 的方向相同,而产生 e_a 的磁场是电枢磁场。因此,无论是电动机还是发电机,换向极的极性可以由换向极磁场与电枢磁场相反的原则来确定。从图 1-22 可知,在电动机中,换向极的极性应与顺着电枢旋转方向的下一个主极的极性相反。在发电机中,情况则相反。

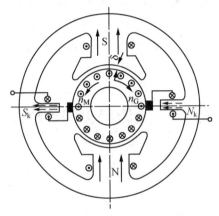

图 1-22　用换向极改善换向

换向极绕组中应通以什么电流呢?由于换向元件中的电抗电动势 e_x 及电枢磁场均与电枢电流成正比,因此产生 e_k 的换向极磁场也应与电枢电流成正比,所以换向极绕组必须与电枢绕组串联。使换向极绕组中通过电枢电流后所产生的换向极磁场与电枢电流成正比,这样才可保证换向极磁动势除抵消电枢磁动势在几何中性线上的作用外,还产生一个始终削弱或抵消 e_x 作用的换向极电动势 e_k。只要换向极设计和调整得合适,就能保证换向元件中总电动势接近于零,电机的换向就比较顺利了,可使运行时电刷与换向器之间基本上没有火花产生。

3. 补偿绕组

在大容量和工作繁重的直流电机中,在主极极靴上专门冲出一些均匀分布的槽,槽内嵌放一种所谓的补偿绕组,如图 1-23 所示。补偿绕组与电枢绕组串联,因此补偿绕组的磁动势与电枢电流成正比,并且补偿绕组连接得使其磁动势方向与电枢磁动势相反,以保证在任何负载情况下随时能抵消电枢磁动势,从而减少了由电枢反应引起的气隙磁场的畸变。电枢反应不仅给换向带来困难,还会使极面下磁通增加区域内的磁通密度达到很大。当元件切割该处磁力线时,会感应出较大的电动势,致使处于该处换向片间的电位差较大。当这种换向片间电位差的数值超过一定限度,就会使换向片间的空气游离而击穿,在换向片间产生电位差火花。在换向不利的条件下,若电刷与换向片间产生的火花延伸到片间电压较大处,与电位差火花连成一片,将导致正负电刷之间有很长的电弧连通,使换向器整个圆周上发生环火,如图1-23(a)所示,以致烧坏换向器。所以,直流电机中安装补偿绕组也是一种保证电机安全运行的措施,但由于结构复杂,成本较高,一般直流电机中不采用。

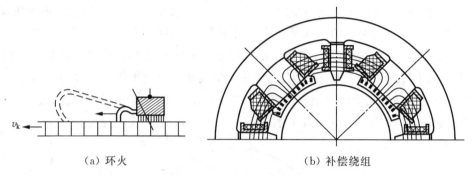

(a) 环火 (b) 补偿绕组

图1-23 环火和补偿绕组

任务1.2 直流电机的计算及运行分析

【任务设置】

直流电机工作时,直流发电机的电枢电动势和直流电动机的电磁转矩怎么计算?受哪些因素影响?电压与电流的关系怎样?输入、输出与能量损耗关系如何?电磁转矩又是怎么平衡的?

【任务目标】

① 熟练掌握电枢电动势和电磁转矩的计算公式和性质。
② 掌握直流电动机的基本方程及工作特性分析。
③ 掌握直流发电机的基本方程及工作特性分析。

【相关知识】

1.2.1 直流电机感应电动势和电磁转矩的计算

在直流电机运行时,电枢绕组在磁场中切割磁力线,产生感应电动势,同时电枢绕组中有电流便会受电磁力的作用。下面讨论感应电动势和电磁转矩的计算公式。

1. 电枢绕组感应电动势

电枢绕组感应电动势是指直流电机电枢上正、负电刷间产生的感应电动势,如图1-24所示,电刷间感应电动势波形如同一个交流正弦电压经过整流以后的波形,这说明直流电机电枢上产生的是交流电,经过电刷换向后才变为直流电。

直流电机产生的感应电动势为

$$e = N\Phi\omega_e \sin\omega_e t \tag{1-1}$$

上式是在均匀气隙磁场条件下建立的。现因直流电机仅在磁极下有磁场分布,需考虑每极磁通 Φ 的情况,因此直流电机运转时在电刷间产生的平均感应电动势为

$$E_a = \frac{1}{\pi}\int_0^\pi N\Phi\omega_e \sin\omega_e t\, d(\omega_e t) = \frac{2}{\pi}\omega_e N\Phi \tag{1-2}$$

由电枢转动的机械角速度 ω 与感应电动势角频率 ω_e 的关系

$$\omega_e = n_p\omega \tag{1-3}$$

(式中,n_p 为极对数),以及 $\omega = \frac{2\pi}{60}n$,直流电机感应电动势可写为

$$E_a = \frac{2n_p N}{\pi}\Phi\omega = 4n_p N\Phi\frac{n}{60} \tag{1-4}$$

由于电枢绕组的匝数 N(每匝有两条有效边)与电枢总有效边数 Z 以及支路对数 a 的关系为 $N = \frac{Z}{4a}$,则式(1-4)可写为

$$E_a = 4n_p\frac{Z}{4a}\Phi\frac{n}{60} = \frac{n_p Z}{60a}\Phi n \tag{1-5}$$

令 $C_e = \frac{n_p Z}{60a}$ 为电动势常数,得到直流电机的电枢电动势计算公式为

$$E_a = C_e\Phi n \tag{1-6}$$

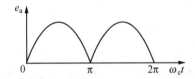

图1-24 直流电机电刷间输出的感应电动势

2. 电磁转矩

从直流电机的基本结构可以看出,它是一种定子绕组为凸极的电机,现假定其满足以下条件:

① 忽略各种饱和与非线性。
② 电刷的位置在几何中性线上,并忽略电刷宽度。
③ 忽略磁动势的空间谐波。
④ 电枢绕组均匀分布,节距相等,忽略槽宽。

直流电机在定子绕组中通入直流励磁电流 I_f,产生恒定的磁通 Φ,由电枢绕组产生的每极磁动势 F_a 的波形,是如图1-25所示的三角波,其幅值为

$$F_a = \frac{NI_a}{2n_p} = \frac{Z}{8n_p a}i_a \tag{1-7}$$

对三角波电枢磁动势 F_a 进行傅里叶变换,其正弦基波分量的幅值 F_{a1} 为

$$F_{a1} = \frac{8}{\pi^2} \frac{Z}{8n_p a} I_a = \frac{ZI_a}{\pi^2 n_p a} = F_r \tag{1-8}$$

由上述各变量的关系得

$$T_{em} = \frac{\pi}{2} n_p^2 \Phi F_r \sin 90° = \frac{\pi}{2} n_p^2 \Phi \frac{ZI_a}{\pi^2 n_p a} = \frac{n_p Z}{2\pi a} \Phi I_a \tag{1-9}$$

令 $C_T = \frac{n_p Z}{2\pi a}$ 为直流电机的转矩常数,则可得直流电机电磁转矩计算公式为

$$T_{em} = C_T \Phi I_a \tag{1-10}$$

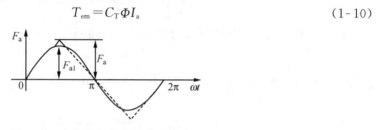

图 1-25 电枢绕组产生的磁动势波形

1.2.2 直流电动机的基本方程和工作特性分析

直流电机的运行情况可以用基本方程来研究。直流电机可作为发电机运行或电动机运行。当直流电机电枢输入直流电源电压时,此电压经电刷转换流入电枢绕组,电枢受电磁转矩作用,在转轴输出机械能。同时电枢也产生感应电动势,但数值小于电枢电压,电机作电动机运行。本节给出直流电动机稳态运行时的基本方程和工作特性。

1. 直流电动机的基本方程

在列出直流电动机的基本方程之前,先规定相关物理量的参考正方向,若各物理量的瞬时实际方向与参考正方向一致,其值为正,反之为负。直流电动机各物理量的参考正方向选定如图 1-26(a)所示。图中 U_a 是直流电动机电枢两端的端电压,I_a 是电枢电流,T_{em} 是电动机的电磁转矩,T_0 是电动机空载转矩,T_L 是电动机轴上的负载转矩,n 是电动机电枢的转速,U_f 是励磁电压,I_f 是励磁电流。

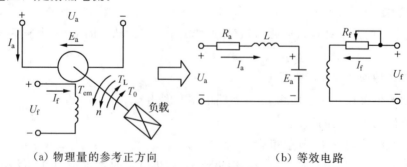

(a) 物理量的参考正方向　　　　(b) 等效电路

图 1-26 直流电动机物理量的正方向与等效电路

(1) 电压方程

① 他励直流电动机。

如图 1-15(a)所示的他励式直流电动机,励磁线圈采用单独电源供电,励磁绕组电源电

压为 U_f,励磁回路的电阻为 R_f,励磁电流为 I_f,有

$$I_f = \frac{U_f}{R_f} \tag{1-11}$$

直流电动机的电枢回路的电源电压为 U_a,电枢绕组的电阻为 R_W,正、负电刷的接触电压降为 $2\Delta U_b$,由基尔霍夫电压定律,可列出电动机运行状态下的电枢回路方程

$$U_a = E_a + R_W I_a + 2\Delta U_b = E_a + R_a I_a \tag{1-12}$$

式中:R_a——包括电枢绕组和电刷压降的等效电阻;

E_a——直流电机感应电动势,其方向与电源电压 U_a 相反,大小与转速成正比,即有 $E_a = C_e \Phi n$,且 $U_a > E_a$。

② 并励直流电动机。

如图 1-15(b)所示的并励式直流电动机,励磁绕组与电枢回路并联,共用一个电源,电枢回路的电压方程与他励时相同,并有

$$U = U_a = U_f \tag{1-13}$$

$$I = I_a + I_f \tag{1-14}$$

③ 串励直流电动机。

如图 1-15(c)所示的串励式直流电动机,励磁绕组与电枢回路串联,再与电源连接,此时

$$I = I_a = I_f \tag{1-15}$$

$$U = U_a + U_f \tag{1-16}$$

(2) 转矩方程

直流电机电枢外加电压后,工作在电动运行状态时,电枢产生电磁转矩 T_{em},其方向如图 1-26 所示,为逆时针方向,与电动机空载转矩 T_0 和电动机轴上的负载转矩 T_L 相反。当电机稳态运行时,应有 T_{em} 与 T_0、T_L 相等。按图 1-26 中正方向的约定,可写出电机电动状态的转矩平衡方程

$$T_{em} = T_0 + T_L \tag{1-17}$$

(3) 功率方程

励磁回路输入的电功率为

$$P_f = U_f I_f = R_f I_f^2 \tag{1-18}$$

直流电动机电枢回路输入的电功率为

$$P_a = U_a I_a = (E_a + R_a I_a) I_a = E_a I_a + R_a I_a^2 = P_{em} + \Delta p_{Cua} \tag{1-19}$$

式中:Δp_{Cua}——电枢回路的铜耗,$\Delta p_{Cua} = R_a I_a^2$;

P_{em}——电动机的电磁功率,$P_{em} = E_a I_a$。

且有

$$E_a I_a = \frac{n_p Z}{60a} \Phi n I_a = \frac{n_p Z}{60a} \Phi \frac{60\omega}{2\pi} I_a = \frac{n_p Z}{2\pi a} \Phi I_a \omega = T_{em} \omega \tag{1-20}$$

式中:$\omega = \frac{2\pi n}{60}$——电动机的机械角速度(rad/s)。

由上式可得电动机电磁转矩的另一种计算公式

$$T_{em} = \frac{P_{em}}{\omega} = \frac{P_{em}}{\frac{2\pi n}{60}} = 9.55 \frac{P_{em}}{n} \tag{1-21}$$

由此可见,电枢的电磁功率用于克服电枢轴上的机械负载转矩,实现机电能量的转换。

在转矩方程(1-17)两边乘以机械角速度 ω,可得

$$T_{em}\omega = T_L\omega + T_0\omega$$

即

$$P_{em} = P_L + P_0 \tag{1-22}$$

式中:P_L——电动机的机械负载功率;

P_0——电动机的空载损耗,包括机械摩擦损耗 Δp_m 和铁芯损耗 Δp_{Fe}。

上式说明,电磁功率转换成空载损耗和机械能输出。

他励直流电动机的功率关系如图 1-27 所示。

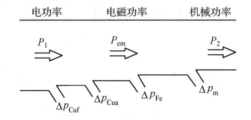

图 1-27 他励直流电动机的功率图

此时,电动机的输入电功率为

$$P_1 = P_f + P_a = \Delta p_{Cuf} + \Delta p_{Cua} + P_{em} = \Delta p_{Cu} + \Delta p_{Fe} + \Delta p_m + \Delta p_{add} + P_2 = P_2 + \sum \Delta p \tag{1-23}$$

式中:P_2——电动机的输出功率,并有 $P_2 = P_L$;

Δp_{add}——电动机的附加损耗,是未被包括在铜耗、铁耗和机械损耗之内的其他损耗;

$\sum \Delta p$——电动机的总损耗,并有

$$\sum \Delta p = \Delta p_{Cuf} + \Delta p_{Cua} + \Delta p_{Fe} + \Delta p_m + \Delta p_{add} = R_f I_f^2 + R_a I_a^2 + P_0 + \Delta p_{add} \tag{1-24}$$

由此,电动机的效率为

$$\eta = \frac{P_2}{P_1} = 1 - \frac{\sum \Delta p}{P_2 + \sum \Delta p} \tag{1-25}$$

例 1-1 已知一台他励直流电动机额定电压为 220 V,额定电流为 100 A,额定转速为 1 150 r/min,电枢电阻为 0.095 Ω,空载损耗为 1 500 W。求:

(1)额定电动势;

(2)额定电磁转矩;

(3)额定效率。

解 (1)额定电动势

$$E_{aN} = U_N - I_N R_a = (220 - 100 \times 0.095)V = 210.5 V$$

(2)额定电磁转矩

$$T_{emN} = \frac{P_{em}}{\omega} = \frac{E_a I_a}{\frac{2\pi n}{60}} = \frac{210.5 \times 100}{2\pi \times 1\ 150} \times 60\ N \cdot m \approx 174.8\ N \cdot m$$

(3) 电枢回路的输入功率
$$P_a = U_N I_N = 220 \times 100 \text{ W} = 22\,000 \text{ W}$$

轴上的输出功率
$$P_L = P_{em} - P_0 = P_a - \Delta p_{Cua} - P_0 = P_a - I_N^2 R_a - P_0$$
$$= (22\,000 - 100^2 \times 0.095 - 1\,500) \text{W} = 19\,550 \text{ W}$$

由于
$$P_1 = P_f + P_a \approx P_a$$
$$P_2 = P_L$$

额定效率
$$\eta_N = \frac{P_2}{P_1} = \frac{P_L}{P_a} = \frac{19\,550}{22\,000} \times 100\% \approx 88.86\%$$

2. 直流电动机的工作特性

他励直流电动机的工作状态和性能可用下列几个特性曲线来描述。

(1) 转速特性

转速特性是指当 $U_a = U_N$,$I_f = I_{fN}$ 时,$n = f(I_a)$ 的关系曲线。由感应电动势公式和电压方程可得

$$n = \frac{E_a}{C_e \Phi} = \frac{U_a - I_a R_a}{C_e \Phi} = \frac{U_a}{C_e \Phi} - \frac{R_a}{C_e \Phi} I_a \tag{1-26}$$

若忽略电枢反应,当 I_a 增加时,转速 n 下降,形成转速降 Δn,如图 1-28 中曲线 1 所示。若考虑电枢反应的去磁效应,磁通下降可能引起转速的上升,与 I_a 增大引起的转速降相抵消,使电动机的转速变化很小。实际运行中为保证电动机稳定运行,一般使电动机的转速随电流 I_a 的增加而下降。转速降一般为额定转速的 3%~8%,呈基本恒速状态。

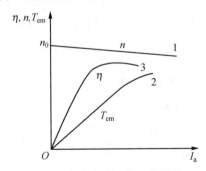

图 1-28 直流电动机的工作特性

(2) 转矩特性

转矩特性是指当 $U_a = U_N$,$I_f = I_{fN}$ 时,$T_{em} = f(I_a)$ 的关系曲线。由转矩特性公式

$$T_{em} = C_T \Phi I_a \tag{1-27}$$

可知,在磁通为额定值时,电磁转矩与电枢电流成正比。若考虑电枢反应的去磁效应,转矩随电枢电流的变化如图 1-28 中曲线 2 所示。

(3) 效率特性

效率特性是指 $U_a = U_N$,$I_f = I_{fN}$ 时,$\eta = f(I_a)$ 的关系曲线。由式(1-24)可见,电动机的损

耗中仅电枢回路的铜耗与电枢电流的平方成正比关系,其他部分与电枢电流无关。电动机的效率开始时随 I_a 增大而上升,当 I_a 大到一定值后,效率又逐渐下降,如图 1-28 中曲线 3 所示。一般直流电动机的效率在 0.75～0.94 之间。

直流电动机在使用时一定要保证励磁回路连接可靠,绝不能断开。一旦励磁电流 $I_f=0$,电机主磁通将迅速下降至剩磁磁通。若此时电动机负载较轻,电动机的转速将迅速上升,造成"飞车"。若电动机的负载为重载,则电动机的电磁转矩将小于负载转矩,使电动机转速减小;但电枢电流将飞速增大,超过电动机允许的最大电流值,引起电枢绕组因大电流过热而烧毁。因此在闭合电动机电枢回路前应先闭合励磁回路,保证电动机可靠运行。

例 1-2 一台并励电动机额定电压 $U_N=220$ V,额定电流 $I_N=40$ A,额定励磁电流 $I_{fN}=1.2$ A,额定转速 $n_N=1\,000$ r/min,已知电阻 $R_a=0.5$ Ω,略去电枢反应的去磁作用。额定转速时空载特性如下:

I_{f0}/A	0.4	0.6	0.8	1.0	1.1	1.2	1.3
E_0/V	83.5	120	158	182	191	198.6	204

当负载转矩和励磁电阻不变、电源电压为 180 V 时,求:

(1) 输入总电流;

(2) 电动机转速和理想空载转速。

解 (1) 根据 $E_0=C_e\Phi n_N$,可得下列 $C_e\Phi=f(I_{f0})$:

I_{f0}/A	0.4	0.6	0.8	1.0	1.1	1.2	1.3
$C_e\Phi$	0.083 5	0.12	0.158	0.182	0.191	0.198 6	0.204

当电源电压由 220 V 降至 180 V,励磁电阻不变时,并励绕组的励磁电流为

$$I_f=\frac{U}{U_N}I_{fN}=\frac{180}{220}\times 1.2 \text{ A}\approx 0.982 \text{ A}$$

对照上述表格,当 $I_{fN}=1.2$ A 时,$C_e\Phi_N=0.198\,6$;

当 $I_f=0.982$ A,采用插入法求 $C_e\Phi$:

$$C_e\Phi=0.182-\frac{0.182-0.158}{1.0-0.8}(1.0-0.982)\approx 0.18$$

电枢额定电流

$$I_{aN}=I_N-I_{fN}=(40-1.2)\text{A}=38.8 \text{ A}$$

降压前后电机负载转矩不变,则稳态运行时有

$$T_L\approx T_{em}=C_T\Phi_N I_{aN}=C_T\Phi I_a$$

$$I_a=\frac{\Phi_N I_{aN}}{\Phi}=\frac{C_e\Phi_N I_{aN}}{C_e\Phi}=\frac{0.198\,6}{0.18}\times 38.8 \text{ A}=42.8 \text{ A}$$

输入总电流

$$I=I_f+I_a=(0.982+42.8)\text{A}=43.782 \text{ A}$$

(2) 降压后,电动机的负载转速为

$$n = \frac{U - I_a R_a}{C_e \Phi} = \frac{180 - 42.8 \times 0.5}{0.18} \text{ r/min} \approx 881.1 \text{ r/min}$$

电动机的理想空载转速为

$$n_0 = \frac{U}{C_e \Phi} = \frac{180}{0.18} \text{r/min} = 1\ 000 \text{ r/min}$$

1.2.3 直流发电机的基本方程和工作特性分析

当直流电机由外动力拖动时,在电枢转轴上输入机械能,电枢感应出电动势,并经电刷转换输出直流电能向负载供电,电枢感应电动势大于电枢端电压,电机作发电机运行。本节给出直流发电机稳态运行时的基本方程和工作特性。

1. 直流发电机的基本方程

直流发电机各物理量的参考正方向选定如图 1-29(a)所示,图中 U_a 是直流发电机负载两端的端电压,I_a 是电枢电流,T_m 是原动机的拖动转矩,T_{em}、T_0 是发电机的电磁转矩和空载转矩,n 是电机的电枢转速,U_f 是励磁电压,I_f 是励磁电流。

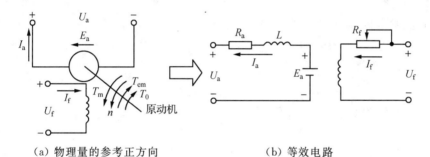

(a) 物理量的参考正方向　　　　　(b) 等效电路

图 1-29　直流发电机物理量的正方向与等效电路

(1) 电压方程

当他励式直流发电机由外动力拖动按图 1-29(a)所示逆时针方向旋转时,产生感应电动势 $E_a > U_a$ 并输出,使电枢电流实际方向与图示方向相反,为 $-I_a$,则电机发电运行状态电枢回路方程为

$$U_a = E_a + R_a(-I_a) = E_a - R_a I_a$$

即
$$E_a = U_a + R_a I_a \tag{1-28}$$

他励式直流发电机的励磁线圈采用单独电源供电。

如果发电机采用并励方式,励磁绕组与电枢回路并联,电流方向如图 1-30 所示,电枢回路的电压方程与他励时相同,但电流变为

$$U = U_a = U_f \tag{1-29}$$

$$I = I_a - I_f \tag{1-30}$$

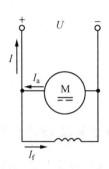

图 1-30 发电机并励方式

（2）转矩方程

直流发电机的电枢在外动力转矩 T_m 的拖动下逆时针旋转，工作在发电状态时，与反方向的空载转矩和电磁转矩平衡。按图 1-29 中正方向的约定，可写出电机发电状态的转矩平衡方程

$$T_m = T_{em} + T_0 \tag{1-31}$$

（3）功率方程

对于直流发电机，输入机械功率为

$$P_1 = P_m = T_m \omega = (T_{em} + T_0)\omega = P_{em} + P_0 \tag{1-32}$$

因

$$P_{em} = E_a I_a = U I_a + R_a I_a^2 = P_2 + \Delta p_{Cua} \tag{1-33}$$

式中：P_2——直流发电机输出给负载的电功率。

因此

$$P_1 = P_{em} + P_0 = P_2 + \Delta p_{Cua} + \Delta p_m + \Delta p_{Fe} \tag{1-34}$$

说明他励直流发电机将输入的原动机的机械功率转换成电能输出和内部的热能损耗。其功率关系如图 1-31 所示，表示电机把机械能转换成电能的变换过程。由此可得，发电机的效率为

$$\eta = \frac{P_2}{P_1} = 1 - \frac{\sum \Delta p}{P_2 + \sum \Delta p} \tag{1-35}$$

式中：$\sum \Delta p$——直流发电机的总损耗。

对于他励直流发电机有

$$\sum \Delta p = \Delta p_m + \Delta p_{Fe} + \Delta p_{Cua} + \Delta p_{add} \tag{1-36}$$

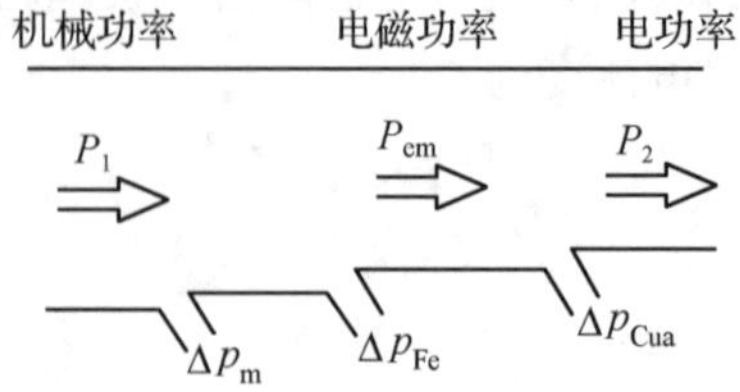

图 1-31 他励直流发电机的功率图

对于并励直流发电机，则在上式中还应加上励磁损耗 Δp_{Cuf}。

2. 直流发电机的工作特性

根据直流发电机的基本方程,其工作状态和性能主要取决于电枢电压 U_a、励磁电流 I_f、电枢电流 I_a 和转速 n 这 4 个物理量,它们之间的关系由下列几个特性曲线来描述。

(1) 空载特性

空载特性是指当发电机不带负载,即 $I_a=0$,$U=E_a$ 时,$E_0=E_a=f(I_f)$ 的关系曲线,表示直流发电机的空载运行特性。这里分两种情况讨论:

① 对于他励直流发电机,由感应电动势公式 $E_a=C_e\Phi n$,且 n 恒定不变,因此 $E\propto\Phi$,再由磁化曲线 $\Phi_0=f(I_f)$ 可得到 $E_a=f(I_f)$ 的关系。他励直流发电机的空载特性与其空载磁化曲线是相似的,如图 1-32 所示:曲线 1 表示 $E_a=f(I_f)$ 的关系;曲线 2 称为励磁回路的伏安特性,表示 $U=f(I_f)$ 的关系。

② 对于并励和复励直流发电机,其励磁电流要靠发电机自身提供的电压产生,而发电机电压的产生又需要有励磁电流才行。由此可见,并励和复励直流发电机在起始阶段需要有一个自励并建立电压的过程,称为自励过程。图 1-33 给出了并励和复励直流发电机空载电压建立的过程:当原动机拖动发电机以恒定转速 n 旋转时,由于主磁极存在剩磁,电枢绕组切割剩磁磁力线会产生一个较小的感应电动势 E_{od},由 E_{od} 在励磁回路中产生励磁电流 I_{f1};如果极性正确,将在磁路中产生与剩磁方向相同的磁通,使主磁路中磁通增加,使感应电动势增大为 E_1,E_1 又使励磁电流增大为 I_{f2};如此循环,使得感应电动势和励磁电流不断增加,最终建立起发电机的空载电动势,稳定工作在图 1-33 所示的点 $A(E_{0A},I_{fA})$。

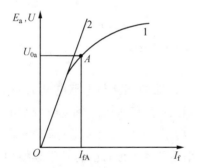
图 1-32 他励直流发电机的空载特性

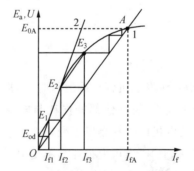
图 1-33 并励和复励直流发电机的空载特性

自励发电方式要建立空载电压,须满足以下三个条件:一是电机必须有剩磁,如果没有,须事先进行充磁。二是励磁绕组的极性必须正确,即励磁绕组与电枢并联时接线要正确。三是励磁回路的电阻不能太大,即其伏安特性的斜率 $\dfrac{U}{I}$ 不能太陡(如图 1-33 中斜线 1);否则如果伏安特性的斜率太陡,与发电机空载特性交点的电压很低或无交点(如图 1-33 中斜线 2),就无法建立空载电压。可见,自励发电机的运行首先要在空载阶段建立电压,然后才能带负载运行。

(2) 外特性

发电机的外特性是指当励磁电流保持不变,即 $I_f=I_{fN}$,且改变外部负载时,其输出电压与电枢电流的关系用 $U=f(I_a)$ 特性曲线表示。他励直流发电机的外特性如图 1-34(a) 中曲线 1 所示,随着电流增大,其输出电压下降。这是因为:

① 随着发电机的负载增加,其电枢反应的去磁效应增强,使每极磁通量减小,导致电枢电动势下降。

② 电枢回路电阻上的电压将随着电流上升而增大,使发电机的输出电压下降。实际上,他励直流发电机的电枢电流从零变化到额定值时,其输出电压降幅不大,接近于一个恒压源。对于并励直流发电机,因还要向励磁回路供电,其外特性要更软一些。

(3) 调节特性

当外接负载变化时,为了保持直流发电机的输出电压不变,可调节励磁电流。例如,对于电枢电流增大引起的电压下降,可通过增加励磁电流,加大磁通量,从而使电枢电动势增大,以抵消电枢电流在电枢回路的电压降,达到维持发电机电压恒定的目的。他励直流发电机调节特性 $I_f=f(I_a)$ 如图 1-34(a) 中曲线 2 所示。

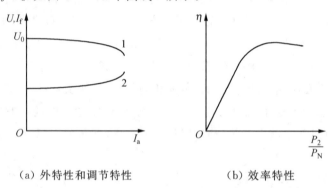

(a) 外特性和调节特性　　　(b) 效率特性

图 1-34　他励直流发电机的工作特性

(4) 效率特性

他励直流发电机带负载运行时,其损耗中仅电枢回路的铜耗与电枢电流 I_a 的平方成正比,称为可变损耗;其他部分损耗与电枢电流无关,称为不变损耗。当负载较小时,I_a 也较小,此时发电机的损耗是以不变损耗为主,但因输出功率 P_2 小而效率低;随着负载增加,P_2 增大使效率上升,当可变损耗与不变损耗相等时效率达到最大值;此后,若继续增加负载,可变损耗将随着 I_a 增大而成为损耗主要部分,效率又逐渐下降。他励直流发电机的效率特性曲线 $\eta=f\left(\dfrac{P_2}{P_N}\right)$ 如图 1-34(b) 所示。

任务 1.3　直流电动机的运行维护与故障检修

【任务设置】

了解直流电动机的使用注意事项,掌握直流电动机的维护方法。

【任务目标】

① 掌握直流电动机使用前的检查步骤。
② 了解直流电动机的定期检查内容。
③ 熟练掌握直流电动机的使用方法。
④ 掌握直流电动机运行中的维护方法。
⑤ 了解直流电动机的部分维护方法。

【相关知识】

1.3.1　直流电动机的使用与维护

1. 使用前的检查

① 清洁检查,清除电动机内部和外表灰尘、电刷上粉末等。
② 测量电动机绕组和机壳对地绝缘电阻,绝缘电阻应大于等于 0.5 MΩ,否则应对绕组进行干燥处理(采用真空干燥法或小电流干燥法)。
③ 检查换向片上的粗糙度,粗糙度应达 0.8 级以上,并抹掉机械损伤和火花灼痕。
④ 检查电刷磨损情况,电刷高度是否过低,弹簧压力是否适中,刷盒位置有否移动。
⑤ 检查冷却系统是否正常。
⑥ 检查电动机铭牌数据及接线是否与使用要求相符。

2. 运行时的维护和检查

① 电动机运行时在换向器上出现火花,其等级一般为 $1\frac{1}{2}$ 级,不能大于 2 级,否则要停下,检查换向器和电刷装置的质量。
② 检查轴承温度,并听其是否有异声。
③ 检查电动机振动状态,振动不得超过规定值。

3. 定期检查

① 小修:清除电动机灰尘,清除绕组和换向器表面污垢;更换电刷、弹簧,调整电刷位置;测量绕组绝缘电阻;清洗轴承和加油等。

② 中修：除小修内容外，还要对绕组进行烘干处理，换向器表面抛光处理，更换机件，测量直流电阻及换向片间电阻、电气强度等。

③ 大修：除中修内容外，还要对绕组进行浸漆、烘干处理，做转子平衡校正，进行性能测量等。

1.3.2 直流电动机常见故障检修

1. 直流电动机的常见故障及排除方法

（1）电动机不能启动

① 电动机无电源或电源电压过低。

② 输入电动机的电缆断路。

③ 控制系统有故障。

④ 负载太大。

⑤ 保护系统未调好或已锁定。

（2）电动机振动大

① 电动机的底脚螺栓松动。

② 电动机的安装基础松动。

③ 电动机的安装基础与机械之间产生共振。

④ 电控系统未调好，形成某一段不连续电流波形，使电动机有强烈的振动感。

⑤ 电动机电枢的平衡块脱落。

⑥ 机组连接不同轴。

（3）电动机发热

① 电动机的励磁电流太大。

② 风机的过滤器堵塞、污染或风机反转。

③ 冷却器的风扇反转、内部过滤器堵塞、冷却水断水或水压太低，温度控制器及差压开关设定太高。

④ 电动机负载太大。

（4）电动机冒烟

① 励磁电流过载，主极线圈冒烟。

② 电枢电流太大，电枢冒烟。

③ 电枢或主极线圈有匝间短路。

④ 电动机端电压太低。

⑤ 启动频繁。

⑥ 电枢与定子相摩擦。

2. 换向器常见故障及排除

（1）电刷装置及换向器过热

这种现象除由电动机过载或电动机绕组有匝间短路引起外，主要还应对电刷牌号、弹簧压力、电刷接触表面、换向器表面污染、换向器过快磨损等加以检查,给予逐个排除。

(2) 换向器片间短路或接地绝缘损坏

此时必须检查换向片间电阻和对地绝缘电阻,加以排除。

(3) 换向器表面发黑或烧伤

换向器表面不干净或高低不平(片间绝缘片高出表面)等故障会引起这种现象,必须对换向器表面加以清理,对凸出的绝缘片"下刻",然后重新调整电刷装置位置。

3. 电动机绕组故障及排除

(1) 电枢绕组开路

电枢绕组开路一般是由电动机绕组或支路烧断、电刷接触不良、升高片上焊接脱焊等引起的。

(2) 电枢绕组对地短路

电枢绕组对地短路一般是由绝缘老化或换向器对地绝缘损坏而引起的。检查短路接线图如图1-35所示。

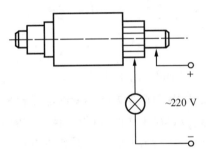

图1-35 检查短路接线图

(3) 电枢绕组匝间短路

匝间短路是由于导线绝缘损坏或老化、层间绝缘损坏或受潮,以及线圈松动使漆膜损坏等引起的。

1.3.3 直流电动机的检修训练

1. 实训目的

熟练掌握直流电动机的检修方法。

2. 实训器材

直流电动机、万用表、常用电工工具、6 V直流电源、直流毫伏表、6 V校验灯、电烙铁及焊锡。

3. 实训步骤

① 电枢绕组接地故障的检查。

② 电枢绕组短路故障的检查。

③ 电枢绕组开路故障的检查。

4. 注意事项

① 毫伏表要选择合适的电压量程。

② 注意防止直流电源直接短路。

5. 成绩评定

根据检修情况填写表 1-2。

表 1-2 直流电动机的检修训练成绩评定表

项目内容	配分	评分标准	扣分	得分	备注
电路接线	20 分	接线错误每次扣 10 分			
仪表使用	20 分	(1) 使用方法不正确,每次扣 10 分 (2) 损坏仪表,扣 20 分			
故障检修	50 分	(1) 检查方法不正确,每次扣 15 分 (2) 故障判断有错误,每次扣 20 分			
6S 管理	10 分	每违反一次扣 5 分			

小 结

直流电动机是根据电磁力定律工作的,电刷两端引入外加直流电源,与换向器共同作用,变换成交流电供给电枢元件,从而产生方向不变的电磁转矩,拖动转子旋转。

直流发电机是根据电磁感应定律工作的,电枢元件产生的电动势是交流的,通过换向器与电刷的共同作用,变换成直流电流,由电刷两端向外引出直流电压。

直流电动机中,电流 I_a 与电动势 E_a 方向相反,E_a 称为反电动势;电磁转矩 T_{em} 与转速 n 方向相同,T_{em} 称为驱动转矩。直流发电机中,电流 I_a 与电动势 E_a 方向相同,E_a 称为电源电动势;电磁转矩 T_{em} 与转速 n 方向相反,T_{em} 称为制动转矩。

直流电机的结构由定子与转子两部分组成,定子主要由主磁极、换向极、机座与电刷组成,主要作用是产生主磁场。转子主要由电枢铁芯、电枢绕组、换向器与转轴组成,主要作用是产生感应电动势 E_a 和电磁转矩 T_{em},是直流电机机电能量转换的主要部件,所以又称为电枢。

直流电机的电枢绕组有单叠与单波两种基本形式。单叠绕组是将同一个主磁极下所有上层边的元件串联成一条支路,所以支路对数 $a=p$,它适用于低电压、大电流电机。单波绕组是将同一极性下所有上层边的元件串联成一条支路,所以支路对数 $a=1$,它适用于高电压、小电流电机。所以,在一般情况下,电压不高、电流较大的电机多采用单叠绕组,反之,电压为 110 V 或 220 V 的小型电机则主要采用单波绕组。

直流电机的励磁方式一般有四种,即他励、并励、串励、复励。

磁场是机电能量转换不可缺少的因素。当直流电机空载时,气隙磁场仅由主磁场磁动势 F 单独建立,是对称于主磁极轴线的平顶波,且物理中性线与几何中性线重合。当直流电机负载时,气隙磁场由主磁场磁动势 F 与电枢磁动势 F_a 共同建立,F_a 对主磁场的影响称为电枢反应。电枢反应的结果是:它使气隙磁场发生畸变;物理中性线偏离几何中性线(电机为电动机时,物理中性线逆着旋转方向偏离一角度;电机为发电机时,顺着旋转方向偏离一角度);当磁路不饱和时,总磁通量不变,当磁路饱和时,总磁通量减少。

无论是直流电动机还是直流发电机,只要电枢绕组切割"磁力线",都将在电枢绕组中产生感应电动势 E_a;另外,只要电枢绕组中有电流,在磁场的作用下就会产生电磁转矩 T_{em}。

不考虑换向极磁场时,电机气隙中的磁场是主磁极磁场和电枢磁场的合成,电机中一切计算和分析,都应该以合成磁通来考虑。

电枢反应的性质与电刷沿换向器圆周的位置和电机的运行方式有关,电刷在几何中性线位置时,只有交轴电枢反应。电刷自几何中性线位置移动后,除了交轴电枢反应外,还会出现直轴电枢反应。直轴电枢反应可以对主磁场增磁,也可以起去磁作用。直轴去磁作用可减弱电刷下的火花,所以,电动机只允许逆旋转方向移动电刷,发电机只允许顺旋转方向移动电刷。

影响直流电机换向的主要因素是电磁因素,即换向元件内产生电抗电动势 e_X 和电枢反应电动势 e_a,进而产生附加电流 i_k。改善换向的目的是消除或降低 i_k 的影响,常用的换向方法是正确选择电刷,合理移动电刷位置,安装换向极。

为了防止电位差火花和环火,在大容量和工作繁重的直流电机中,可在主磁极上安装补偿绕组。

思考与练习题

1-1 直流发电机怎样将机械能转换为电能?直流电动机怎样将电能转换为机械能?

1-2 直流电机有哪些主要部件?各起什么作用?

1-3 直流电机的励磁方式有哪几种?在各种不同励磁方式的电机中,电机输入(输出)电流 I 与电枢电流 I_a 及励磁电流 I_f 有什么关系?

1-4 电刷在直流电机中起何作用?应放置在什么位置?如果安放的位置有偏差,对电枢电势会有什么影响?

1-5 什么因素决定直流电机电磁转矩的大小?电磁转矩的性质和电机运行方式有何关系?

1-6 电动机的电磁转矩是驱动性质转矩,但从直流电动机的转矩以及转矩特性看,电磁转矩增大时,转速反而下降,这是什么原因?

1-7 换向器在直流电机中起什么作用?

1-8 他励直流电动机的电磁功率指什么?

1-9 何为电枢反应?电枢反应对气隙磁场有何影响?

1-10 直流电机电枢绕组中的电动势和电流是直流吗?励磁绕组中的电流是直流还是交流?为什么将这种电机叫作直流电机?

1-11 有一台 100 kW 的他励电动机,$U_N=220$ V,$I_N=517$ A,$n_N=1\,200$ r/min,$R_a=$

$0.05~\Omega$,空载损耗 $P_0=2~\text{kW}$。试求：

(1) 电动机的效率 η；

(2) 电磁功率 P_{em}；

(3) 输出转矩 T_2。

1-12 一台并励直流电动机，铭牌数据为 $P_N=96~\text{kW}$，$U_N=440~\text{V}$，$I_N=255~\text{A}$，$I_{fN}=5~\text{A}$，$n_N=1~550~\text{r/min}$，并已知 $R_a=0.087~\Omega$。试求：

(1) 电动机的额定输出转矩 T_N；

(2) 电动机的额定电磁转矩 T_{em}。

1-13 一台直流发电机的数据为：额定功率 $P_N=12~\text{kW}$，额定电压 $U_N=230~\text{V}$，额定转速 $n_N=1~450~\text{r/min}$，额定效率 $\eta_N=83.5\%$。试求：

(1) 额定电流 I_N；

(2) 额定负载时的输入功率 P_{1N}。

1-14 一台他励直流电机，极对数 $p=2$，并联支路对数 $a=1$，电枢总导体数 $N=372$，电枢回路总电阻 $R_a=0.208~\Omega$，运行在 $U=220~\text{V}$，$n=1~500~\text{r/min}$，$\Phi=0.011~\text{Wb}$ 的情况下。$\Delta p_{Fe}=362~\text{W}$，$\Delta p_m=204~\text{W}$，试问：

(1) 该电机运行在发电机状态还是电动机状态？

(2) 电磁转矩是多大？

(3) 输入功率、输出功率、效率各是多少？

1-15 一台并励直流电动机的额定数据为：$U_N=220~\text{V}$，$I_N=92~\text{A}$，$R_a=0.08~\Omega$，$R_f=88.7~\Omega$，$\eta_N=86\%$，试求额定运行时的：

(1) 输入功率；

(2) 输出功率；

(3) 总损耗；

(4) 电枢回路铜损耗；

(5) 励磁回路铜损耗；

(6) 机械损耗与铁损耗之和。

1-16 一台并励直流电动机的额定数据为：$P_N=17~\text{kW}$，$I_N=92~\text{A}$，$U_N=220~\text{V}$，$R_a=0.08~\Omega$，$n_N=1~500~\text{r/min}$，电枢回路总电阻 $R=0.1~\Omega$，励磁回路电阻 $R_f=110~\Omega$，试求：

(1) 额定负载时的效率；

(2) 额定运行时的电枢电动势 E_a；

(3) 额定负载时的电磁转矩。

1-17 一台并励直流发电机，电枢回路总电阻 $R_a=0.25~\Omega$，励磁回路电阻 $R_f=44~\Omega$，当端电压 $U_N=220~\text{V}$，负载电阻 $R_L=4~\Omega$ 时，试求：

(1) 励磁电流和负载电流；

(2) 电枢电动势和电枢电流；

(3) 输出功率和电磁功率。

项目 2　直流电动机的电力拖动

在电力拖动系统中,电动机有不同的种类和特性,生产机械的负载特性也各不相同,运动形式各种各样,但从动力学的角度看,它们都服从动力学的统一规律。所以在分析电力拖动系统时,必须先分析电力拖动系统的动力学问题。

在电力拖动系统中,若电动机与生产机械直接连接,那么电动机的转速和生产机械的转速就相等。如果忽略电动机的空载转矩,则工作机构的负载转矩就是作用在电动机转轴上的阻转矩,这样的系统称为单轴电力拖动系统。而实际的拖动系统,电动机和工作机构之间由若干级传动机件组成,这样的系统称为多轴电力拖动系统。为了简化分析和计算,通常把多轴电力拖动系统的传动机构和工作机构看成一个整体,且等效为一个负载,直接作用在电动机轴上,变多轴系统为单轴系统。

任务 2.1　他励直流电动机的机械特性

【任务设置】

用电动机作为原动机来拖动生产机械运行的系统,称为电力拖动系统。生产机械是执行某一生产任务的机械设备,是电力拖动的对象。那么生产机械负载所形成的转矩特性有哪几种?都是什么特性?直流电动机的机械特性又如何?怎样协调和改变直流电动机的机械特性?

【任务目标】

① 掌握电力拖动系统的运动方程式,理解转速和转矩正方向的规定原则。
② 了解各种典型负载的转矩特性及其特点。
③ 熟练掌握他励直流电动机的固有和人为机械特性的相关计算。

【相关知识】

电动机的机械特性是指电动机的转速 n 与电磁转矩 T_{em} 的关系 $n=f(T_{em})$,机械特性是电动机力学性能的主要表现,它与运动方程式相联系,将决定拖动系统稳定运行及过渡过程的工作情况。

2.1.1 直流电动机的机械特性方程式

1. 运动方程式

从力学定律可知,任何物体,无论是做直线运动还是做旋转运动,都必须遵循下列运动方程式。

(1) 直线运动

当质量为 m 的物体在直线上做加速运动时,其运动方程式为

$$F - F_L = m \frac{dv}{dt} \tag{2-1}$$

式中:F——拖动力(N);

F_L——阻力(N);

m——运动物体的质量(kg);

v——运动物体的速度(m/s);

$\dfrac{dv}{dt}$——运动物体的加速度(m/s²)。

(2) 旋转运动

仿照直线运动,电动机拖动系统旋转时,其运动方程式为

$$T_{em} - T_L = J \frac{d\Omega}{dt} \tag{2-2}$$

式中:T_{em}——拖动转矩,即电磁转矩(N·m);

T_L——阻转矩,即负载转矩(N·m);

J——拖动系统的转动惯量(kg·m²);

Ω——转动系统的角速度(rad/s);

$\dfrac{d\Omega}{dt}$——转动系统的角加速度(rad/s²)。

在电力拖动系统的工程计算中,用飞轮转矩 GD^2 代替转动惯量 J,用速度 n 代替角速度 Ω,即

$$J = \frac{GD^2}{4g} \tag{2-3}$$

$$\Omega = \frac{2\pi n}{60} \tag{2-4}$$

将 J、Ω 代入式(2-2)可得电力拖动系统运动方程的实用表达式为

$$T_{em} - T_L = \frac{GD^2}{375} \frac{dn}{dt} \tag{2-5}$$

式中:G——转动系统的重力(N);

GD^2——转动系统的飞轮转矩(N·m²);

n——转动系统的速度(r/min)。

从式(2-5)可知,$T_{em}-T_L$的大小反映了系统的运行状态。

① 当$T_{em}-T_L>0$时,系统处于加速运行状态,即处于动态。电动机把从电网吸收的电能转换为旋转系统的动能,使系统的动能增加。

② 当$T_{em}-T_L=0$时,系统处于静止或恒转速运行状态,即处于稳态。系统既不放出动能也不吸收动能。

③ 当$T_{em}-T_L<0$时,系统处于减速运行状态,即处于动态。系统将放出的动能转变为电能反馈回电网,使系统的动能减少。

系统处于稳定运行状态时,如果受到外界干扰,如负载变化、电源电压变化等,运动平衡将被打破,转速将发生变化。对于一个稳定的电力拖动系统,当平衡被破坏后,应具有恢复平衡的能力,在新的平衡状态下稳定运行。

(3) 运动方程式中转矩正、负号的规定

在电力拖动系统中,由于生产机械负载类型的不同,电动机的运行状态也会发生变化。电动机的电磁转矩并不都是驱动性质的转矩,生产机械的负载转矩也并不都是阻转矩。它们的大小和方向都可能随系统运行状态的不同而发生变化。

首先规定电动机处于电动状态时的旋转方向为转速的正方向,然后规定:

① 电磁转矩T_{em}与转速n的正方向相同时为正,相反时为负。

② 负载转矩T_L与转速n的正方向相同时为负,相反时为正。

③ $\dfrac{dn}{dt}$的大小和正负号由T_{em}和T_L的代数和决定。

2. 他励直流电动机的机械特性

直流电动机的机械特性是直流拖动理论的基础,下面以他励直流电动机为例进行讨论。

(1) 机械特性的一般形式

他励式直流电动机的接线如图2-1所示。电动机的电磁转矩与转速之间的关系曲线便是电动机的机械特性,即$n=f(T_{em})$。为了推导机械特性公式的一般形式,在电枢回路中串入外接电阻R。由转矩特性和转速特性可推导出机械特性的一般表达式为

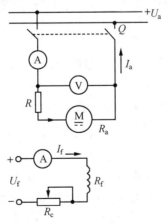

图2-1 他励直流电动机接线图

$$n = \frac{U_a - I_a(R_a + R)}{C_e\Phi} = \frac{U_a}{C_e\Phi} - \frac{C_T\Phi I_a(R_a + R)}{C_e\Phi C_T\Phi}$$

$$= \frac{U_a}{C_e\Phi} - \frac{T_{em}(R_a + R)}{C_e\Phi C_T\Phi} = \frac{U_a}{C_e\Phi} - \frac{R_a + R}{C_e C_T\Phi^2}T_{em} = n_0 - \beta T_{em} \tag{2-6}$$

式中：n_0——直流电动机的理想空载转速，$n_0 = \frac{U_a}{C_e\Phi}$；

β——直流电动机机械特性的斜率，$\beta = \frac{R_a + R}{C_e C_T\Phi^2}$。

（2）固有机械特性

直流电动机在电枢电压、励磁电压均为额定值，电枢外串电阻为零时所得机械特性称为固有机械特性，特性曲线如图 2-2 所示，满足下式：

$$n = \frac{U_N}{C_e\Phi_N} - \frac{R_a}{C_e C_T\Phi_N^2}T_{em} \tag{2-7}$$

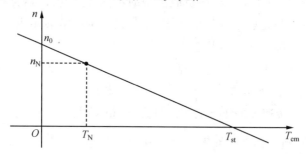

图 2-2 他励电动机固有机械特性

通过对他励直流电动机机械特性方程的分析，可以看出其固有特性的主要特点为：

① $T_{em} = 0$ 时，$n = n_0 = \frac{U_N}{C_e\Phi_N}$ 是理想空载转速，这时 $I_a = 0$，$U_N = E_a$。

② 机械特性为下倾的直线，转速随转矩增大而减小。因为下倾的斜率 β 较小，转速变化较小，所以又称固有机械特性为硬特性。

③ 电动机启动时 $n=0$，感应电动势 $E_a = C_e\Phi_N n = 0$，这时电枢电流为启动电流，即 $I_a = \frac{U_N}{R_a} = I_{st}$；电磁转矩为启动转矩 $T_{em} = C_T\Phi_N I_a = T_{st} = C_T\Phi_N I_{st}$。因为电枢电阻 R_a 很小，在额定电压的作用下，启动电流将非常大，远远超过电动机允许的最大电流，会烧坏换向器，因此直流电动机一般不允许全电压直接启动。

④ 若转矩 $T_{em} > T_{st}$，$n < 0$，特性曲线在第四象限；若 $T_{em} < 0$，$n > 0$，特性曲线在第二象限。这两种情况下，电磁转矩与转速方向相反，形成制动转矩，电动机处于发电状态。

（3）人为机械特性

由公式（2-6）可知，当改变电动机的参数：电枢电压 U_a、励磁电流 I_f、电枢外接电阻 R 时，可改变电动机的机械特性。这种人为改变参数形成的机械特性，称为人为机械特性。

① 改变电枢电压。

当电动机励磁电流为额定值，使每极磁通为 Φ_N 并保持不变，电枢回路不外接电阻时，改变电动机的电枢电压 U_a，可得到一条与固有机械特性平行的人为机械特性。通过不断改变 U_a，可得到一组平行曲线，如图 2-3 所示。这组特性曲线的硬度均相同，仅理想空载转速大小不同。

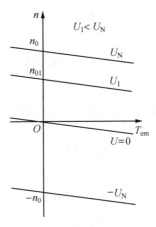

图 2-3 改变电枢电压的人为机械特性

② 减小每极气隙磁通。

当降低励磁电压或在励磁回路串接电阻 R_c，使励磁电流 I_f 减小时，由于磁通与励磁电流在额定磁通以下时基本成正比，所以主极磁通也减小。根据机械特性公式可知

$$n_0 \propto \frac{1}{\Phi}$$

$$\beta \propto \frac{1}{\Phi^2}$$

即当磁通减小后，理想空载转速 n_0 升高，而斜率 β 增大，使特性曲线倾斜度增加，电动机的转速较原来有所提高，整个特性曲线均在固有机械特性之上，如图 2-4 所示。

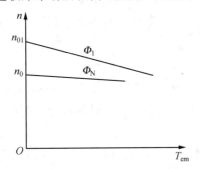

图 2-4 改变磁通的人为机械特性

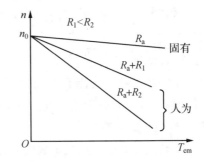

图 2-5 改变电枢电阻的人为机械特性

③ 电枢回路串接电阻。

当保持电枢回路电压 U_a、励磁电流 I_f 不变，改变电枢回路的串接电阻 R 时，电动机的理想空载转速 n_0 不变，但机械特性的斜率 β 增大，特性曲线倾斜度增加，且串入电阻越大，曲线越倾斜，其人为机械特性如图 2-5 所示。

并励直流电动机的机械特性与他励式电动机类同，不再重复。

例 2-1 一台他励直流电动机数据为：$P_N=7.5$ kW, $U_N=110$ V, $I_N=79.84$ A, $n_N=1\,500$ r/min, 电枢回路电阻 $R_a=0.101\,4\ \Omega$, 问：

(1) $U=U_N$, $\Phi=\Phi_N$ 条件下, 电枢电流 $I_a=60$ A 时, 转速是多少？

(2) $U=U_N$ 条件下, 主磁通减少 15%, 负载转矩为 T_N 不变时, 电动机电枢电流与转速是多少？

(3) $U=U_N$, $\Phi=\Phi_N$ 条件下, 负载转矩为 $0.8T_N$, 转速为 -800 r/min, 电枢回路应串入多大的电阻？

解 (1) $C_e\Phi_N=\dfrac{U_N-R_aI_N}{n_N}=\dfrac{110-0.101\,4\times 79.84}{1\,500}\approx 0.068$

$$n=\dfrac{U_N-R_aI_a}{C_e\Phi_N}=\dfrac{110-0.101\,4\times 60}{0.068}\ \text{r/min}\approx 1\,528\ \text{r/min}$$

(2) T_N 不变时, T_{em} 不变, 即 $C_T\Phi_N I_N=C_T\Phi I_a$, 有

$$I_a=\dfrac{\Phi_N}{\Phi}I_N=\dfrac{\Phi_N}{0.85\Phi_N}I_N=\dfrac{79.84}{0.85}\ \text{A}\approx 93.93\ \text{A}$$

$$n=\dfrac{U_N-R_aI_a}{C_e\Phi}=\dfrac{110-0.101\,4\times 60}{0.85\times 0.068}\ \text{r/min}\approx 1\,738\ \text{r/min}$$

(3) 不计空载转矩时, $T_{em}=T_L$, 故

$$T_{em}=0.8T_N=0.8\times 0.955\dfrac{P_N}{n_N}=0.8\times 0.955\times\dfrac{7\,500}{1\,500}\ \text{N}\cdot\text{m}\approx 38.2\ \text{N}\cdot\text{m}$$

由

$$n=\dfrac{U_N}{C_e\Phi_N}-\dfrac{R_a+R_B}{C_eC_T\Phi_N^2}T_{em}$$

解得 $R_B=2.69\ \Omega$。

3. 生产机械的负载特性

负载的机械特性就是生产机械的负载特性, 它表示生产机械的转速 n 与其转矩 T_L 之间的关系 $n=f(T_L)$。生产机械的种类很多, 生产机械的负载特性也各不相同, 但大致可以分为以下三种类型。

(1) 恒转矩负载

这类转矩的特点是负载转矩 T_L 的大小为一恒定值, 与转速 n 无关。根据负载转矩的方向是否与转向有关, 恒转矩负载又可分为反抗性恒转矩负载和位能性恒转矩负载两种。

① 反抗性恒转矩负载。

反抗性恒转矩负载的特点是负载转矩的大小恒定不变, 而负载转矩的方向总是和转速的方向相反, 即负载转矩始终是阻碍运动的, 如起重机的行走机构、皮带运输机等。其机械特性曲线如图 2-6 所示, 显然反抗性恒转矩负载特性位于第一象限和第三象限。

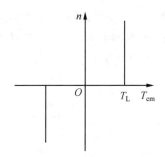
图 2-6 反抗性恒转矩负载特性

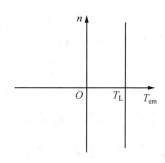
图 2-7 位能性恒转矩负载特性

② 位能性恒转矩负载。

位能性恒转矩负载的特点是不仅负载转矩的大小恒定,而且方向不随转速方向的改变而变化。当 $n>0$ 时,$T_L>0$,负载转矩为制动转矩;当 $n<0$ 时,$T_L>0$,负载转矩为驱动转矩。位能性恒转矩负载特性如图 2-7 所示,这类负载的特性位于第一象限和第四象限。如起重机提升和下放重物时,重物产生的转矩是典型的位能性恒转矩,无论是提升还是下放重物,负载转矩的方向不变,但转速的方向改变。

(2) 恒功率负载

恒功率负载的特点是负载转矩和转速的乘积为一常数,即负载的功率为一恒定值,$P_L = T_L \Omega = T_L \dfrac{2\pi}{60} n =$ 常数。也就是说,转速升高时,负载转矩减小;转速下降时,负载转矩增大。如车床的切削加工,粗加工时,切削量大,切削阻力大,负载转矩大,做低速切削;精加工时,切削量小,切削阻力小,负载转矩小,做高速切削。另外,一旦切削量选定后,当转速变化时,负载转矩并不改变,在这段时间内,应属于恒转矩负载。其机械特性如图 2-8 所示,为一条双曲线。

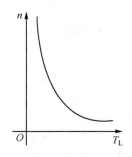
图 2-8 恒功率负载特性

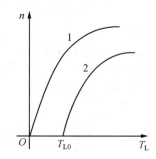
图 2-9 通风机类负载特性

(3) 通风机类负载

水泵、油泵和风机等通风机类负载的特点是负载的转矩 T_L 基本上与转速 n 的平方成正比,负载特性为一条抛物线,如图 2-9 中曲线 1 所示。

以上所述三种负载特性是从实际中概括出来的比较典型的负载转矩特性。实际的负载转矩特性往往是几种典型特性的综合。例如,实际通风机类负载除了主要的通风机负载特性外,转轴上还有一定的摩擦转矩 T_{L0},因此实际通风机类负载的特性应为 $T_L = T_{L0} + kn^2$,如图 2-9 中曲线 2 所示。

又如机床刀架在平移时,负载的性质基本上是反抗性恒转矩负载,但从静止状态到启动或当转速很小时,由于润滑油没有散开,静摩擦系数比动摩擦系数大,摩擦阻力比较大;另外,当传动机构在旋转时,有一些油和风的阻力,带一些通风机类负载的性质,导致在转速较高时,负载转矩 T_L 会略有增高。

2.1.2 电力拖动系统稳定运行的条件

1. 稳定运行点和稳定运行的概念

一个电力拖动系统处于某一转速下运行时,由于受到外界的某种扰动,如负载的突然变化或电网电压的波动,导致系统的转速发生变化而离开原来的平衡状态。如果系统能在新的条件下达到新的平衡状态,或当外界扰动消失后能自动恢复到原来的运行状态,则称系统是稳定的;如果当外界扰动消失后,系统的转速或是无限制地上升,或是一直下降至停转,则系统是不稳定的。

一个电力拖动系统是否稳定,是由电动机机械特性与负载转矩特性的配合情况决定的。如图 2-10 所示是他励直流电动机带动恒转矩负载,受到扰动后转速有微小变化的情况。在图 2-10(a)中,电动机原来运行于 A 点,转速为 n_A,$T_{em} = T_L$。当扰动使转速升高到 n_A' 时,$T_{em} < T_L$,扰动消失后,电动机进入减速过程。随着转速下降,电磁转矩增大,直到 $T_{em} = T_L$ 为止,电动机回到原来的运行点。当扰动使转速下降到 n_A'' 时,$T_{em} > T_L$,扰动消失后,电动机进入加速过程。随着转速上升,电磁转矩减小,直到 $T_{em} = T_L$ 为止,电动机回到原来的运行点。可见在 A 点电动机具有稳定性。

在图 2-10(b)中,电动机原来运行于 B 点,转速为 n_B,$T_{em} = T_L$。当扰动使转速升高到 n_B' 时,$T_{em} > T_L$,扰动消失后,电动机进入加速过程。随着转速上升,电磁转矩继续增大,系统一直加速,电动机不能回到原来的运行点。当扰动使转速下降到 n_B'' 时,$T_{em} < T_L$,扰动消失后,电动机进入减速过程。随着转速下降,电磁转矩减小,一直到 $T_{em} = 0$ 为止,电动机不能回到原来的运行点。可见在 B 点电动机不具有稳定性。

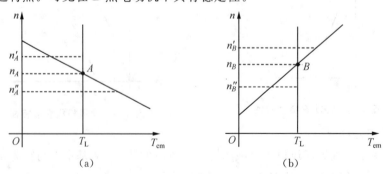

图 2-10 电力拖动系统稳定运行分析

由此可见,所谓的稳定运行,是指电力拖动系统处于某一转速下运行时,若受到外界的短时扰动使系统的转速发生变化,而当扰动消失后能自动恢复到原来的运行状态,则称系统的运行是稳定的;反之,系统运行是不稳定的。

2. 稳定运行的充要条件

通过以上分析可见,电力拖动系统的工作点在电动机机械特性与负载特性的交点上,但并非所有的交点都是稳定工作点。也就是说,$T_{em}=T_L$ 仅仅是系统稳定运行的一个必要条件,而不是充分条件。要实现稳定运行,还须电动机机械特性与负载的转矩特性在交点处配合得当。电力拖动系统稳定运行的充要条件如下:

(1) 必要条件

电动机的机械特性与负载的转矩特性必须有交点,即存在 $T_{em}=T_L$。

(2) 充分条件

当大于交点的转速时,存在 $T_{em}<T_L$;当小于交点的转速时,满足 $T_{em}>T_L$,即电动机的机械特性的斜率为负值。

上述电力拖动系统稳定运行的条件是系统具有下降的机械特性曲线,无论对直流电动机还是对交流电动机都是适用的,具有普遍的意义。

任务 2.2　他励直流电动机的启动

【任务设置】

直流电动机有良好的启动性能和调整特性,在大型轧钢机、精密车床、造纸机等设备上都是用直流电动机来带动机械负载的,那么直流电动机是如何启动的呢?常用的有哪几种方法?怎样实现?

【任务目标】

① 掌握他励直流电动机的启动原理及启动方法。
② 能实现直流电动机启动控制线路的设计、安装及调试任务。

【相关知识】

所谓启动,就是电动机接通电源后,由静止状态加速到某一稳态转速的过程。他励直流电动机启动时,必须先加额定励磁电流建立磁场,然后再加电枢电压。

2.2.1　直接启动

直流电动机不宜用直接启动。因此这里所讲的直接启动只限于小容量电动机,对电网和自身冲击都不大,且操作简便,无须添加任何启动设备。

所谓直接启动,是指不采取任何措施,直接将静止电枢施加额定电压的启动过程。在直接启动时,电源及励磁回路应先于电枢回路得电,从而确保在电枢回路得电前磁场已经建立。直接启动过程中电枢电流和转速的变化曲线如图 2-11 所示。由于电枢回路电感的作用，电流不能突变，但很快上升到最大冲击值 I_{st}，不过此时转子已开始旋转，并有一定速度，使 $E > 0$，因此，实际的启动电流冲击值 I_{st} 稍小于 $\dfrac{U_N}{R_a}$。

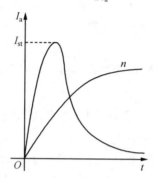

图 2-11 直接启动过程中电枢电流和转速的变化曲线

例 2-2 他励直流电动机的技术数据为：$P_N = 7.5 \text{ kW}, U_N = 110 \text{ V}, I_N = 85.2 \text{ A}, n_N = 750 \text{ r/min}, R_a = 0.13 \text{ }\Omega$。试问直接启动时的启动电流是额定电流的多少倍？

解 $I_{st} = \dfrac{U_N}{R_a} = \dfrac{110}{0.13} \text{ A} \approx 846 \text{ A}$，可得倍数为

$$\frac{I_{st}}{I_N} = \frac{846}{85.2} \approx 9.9$$

2.2.2 电枢回路串电阻启动

这种方法可将启动电流限制在允许的范围内，但必须在启动过程中将启动电阻分段切除。

1. 启动原理

他励直流电动机启动前应使励磁电流最大，磁通最大，保证启动转矩的大小。启动时，在电枢回路中串接可调的启动电阻 R_{st}，电动机加上额定电压，启动电流为

$$I_{st} = \frac{U_N}{R_a + R_{st}} \tag{2-8}$$

式中：R_{st} 值应将启动电流 I_{st} 限制在允许范围，即 $I_{st} = (1.5 \sim 2) I_N$。

在启动电流产生的启动转矩的作用下，电动机开始转动并逐渐加速，随着转速的升高，电枢电动势（$E_a = C_e \Phi n$）逐渐增大，电枢电流 $\left(I_a = \dfrac{U_N - E_a}{R_a + R_{st}} \right)$ 随之减小，电磁转矩（$T_{em} = C_T \Phi I_a$）也随之减少，转速上升的速度变缓。

为了缩短启动的时间，保持电动机启动过程中的加速度不变，需要在启动过程中维持电枢电流不变。因此，随着转速的上升，应将启动电阻平滑地切除。启动完成后，启动电阻全部切除，电动机的转速达到运行值。

2. 启动过程

为了平滑地切除启动电阻，一般是在电枢回路中串接多级启动电阻，在启动过程中逐级

切除。启动电阻的级数越多,启动过程就越快、越平稳,但所需的控制设备越复杂,所以一般启动电阻分为2~5级。如图2-12所示为他励直流电动机三级电阻启动的启动电路和机械特性(电枢串电阻的人为机械特性)。启动电阻分为三段,分别为R_{st1}、R_{st2}及R_{st3},它们分别通过接触器的动合触点 KM1、KM2 和 KM3 切除。

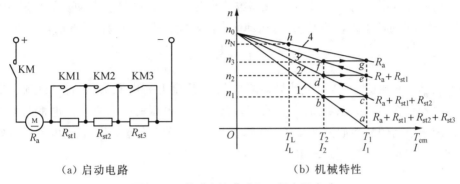

(a) 启动电路　　　　　(b) 机械特性

图 2-12　他励直流电动机三级电阻启动

启动时,将接触器的动合触点 KM1、KM2 和 KM3 依次闭合,实现分级启动,启动过程如下。

启动前,如图2-12(a)所示,KM1、KM2 和 KM3 是断开的。电动机启动时,首先给励磁绕组中通入额定的励磁电流,然后在电枢绕组两端加上额定电压,此时电动机电枢回路总电阻是 $R_3 = R_a + R_{st1} + R_{st2} + R_{st3}$,启动电流 $I_1 = \dfrac{U_N}{R_3}(n=0, E_a=0)$,启动转矩是 T_1,且 $T_1 > T_L$,此时的启动电流和启动转矩都达到最大值。接入全部启动电阻时的人为机械特性如图2-12(b)所示的曲线1。电动机从 a 点开始启动,随着转速的上升,电动势 E_a 逐渐增大,电枢电流和电磁转矩逐渐减小,工作点沿曲线1向 b 点移动。当转速升到 n_1、电流降到 I_2、电磁转矩降到 T_2[图2-12(b)中 b 点]时,触点 KM3 闭合,切除电阻 R_{st3},电枢回路电阻减少为 $R_2 = R_a + R_{st1} + R_{st2}$,与之对应的人为机械特性如图2-12(b)所示的曲线2。在切除电阻瞬间,由于转速不能突变,所以电动机的工作点由 b 点沿水平方向跳变到曲线2上的 c 点。选择合适的各级启动电阻,可以使 c 点的电流仍为 I_1,这样电动机又在最大转矩 T_1 下加速。工作点沿曲线2移到 d 点,转速升到 n_2、电流降到 I_2、电磁转矩降到 T_2。此时闭合触点 KM2,切除电阻 R_{st2},电枢回路电阻减少为 $R_1 = R_a + R_{st1}$,工作点由 d 点沿水平方向跳变到曲线3上的 e 点。e 点的电流仍为 I_1,电动机在最大转矩 T_1 下加速。工作点沿曲线3移到 f 点,转速升到 n_3、电流降到 I_2、电磁转矩降到 T_2。此时闭合触点 KM1,切除最后一级电阻 R_{st1},电枢回路电阻减少为 $R_1 = R_a$,工作点由 f 点沿水平方向变到固有机械特性曲线上的 g 点,并加速到 h 点后稳定运行,启动过程结束。

例 2-3　他励直流电动机的技术数据为:$P_N = 7.5$ kW, $U_N = 110$ V, $I_N = 85.2$ A, $n_N = 750$ r/min, $R_a = 0.13$ Ω。如果限制启动电流为额定电流的1.5倍,电枢回路应串入多大的电阻?

解　将启动电流限制到 $I_{st} = 1.5 I_N = 1.5 \times 85.2$ A $= 127.8$ A 时,应串入的电阻为

$$R_{st} = \frac{U_N}{I_{st}} - R_a = \left(\frac{110}{127.8} - 0.13\right)\Omega \approx 0.731 \ \Omega$$

2.2.3 减压启动

当直流电源电压可调时,可以采用减压方法启动。在启动瞬间,电动机的转速 $n=0$,反电动势 $E_a=0$,通过降低电源电压 U,将启动电流限制在允许的范围内。此时启动电流为

$$I_{st} = \frac{U}{R_a} \tag{2-9}$$

随着电动机转速的上升,反电动势逐渐增大,再逐渐升高电源电压,直至升到额定电源电压 U_N,电动机在 A 点以转速 n_A 稳定运行。注意每次电压的提高必须使电枢电流不超过允许值。减压启动的特性如图 2-13(b)所示。其中 T_L 为恒转矩负载,启动电流对应的电磁转矩为 T_{st},电压切换点的电磁转矩 $T_2 = (1.1 \sim 1.2) T_L$。

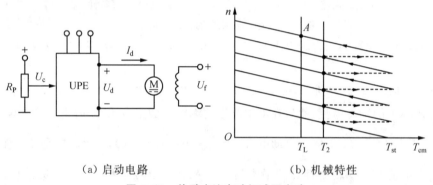

(a) 启动电路   (b) 机械特性

图 2-13 他励直流电动机减压启动

减压启动需要可调的直流电源,这里可采用基于电力电子器件的可控整流器(UPE)向直流电动机供电,如图 2-13(a)所示,例如,采用晶闸管整流器或 PWM 脉宽调制器,其控制原理是通过改变控制电压 U_c,使 UPE 的输出电压 U_d 连续变化,从而使电动机的转速逐步增加到稳态值。采用减压启动方法,可使整个启动过程既快又平稳,同时能量损耗也小。此外,可控直流电源,还可用于调速,因而在电机拖动系统中得到广泛应用。

例 2-4 一台他励直流电动机的额定数据为:$P_N = 17$ kW,$U_N = 220$ V,$I_N = 90$ A,$n_N = 1\ 500$ r/min,$R_a = 0.147\ \Omega$。若限制最大启动电流为额定电流的两倍,采用减压启动,则启动电压为多少?

解 限制最大启动电流为额定电流的两倍,即 $I_{st} = 2I_N$,则电源电压应降低为

$$U = I_{st} R_a = 2 I_N R_a = 2 \times 90 \times 0.147 \text{ V} \approx 26.5 \text{ V}$$

任务 2.3　他励直流电动机的制动

【任务设置】

直流电动机在工作过程中难免需要制动,可需要怎样实现呢?有哪些常用的方法?有哪些注意事项?

【任务目标】

① 了解直流电动机的制动方法及其原理。
② 掌握直流电动机制动电路的分析计算方法。
③ 掌握制动方法与负载类型合理配合的意义。

【相关知识】

他励直流电动机有两种运转状态。

(1) 电动运转状态

其特点是电动机转矩 T_{em} 的方向与旋转方向(转速 n 的方向)相同,此时电网向电动机输入电能,并变为机械能以带动负载。

(2) 制动运转状态

其特点是转矩 T_{em} 与转速 n 的方向相反,此时,电动机变为发电机,吸收机械能并转化为电能。

制动的目的是使电力拖动系统停车,有时也为了使拖动系统的转速降低,对于位能性负载的工作机构,用制动可获得稳定的下降速度。

欲使电力拖动系统停车,最简单的方法是断开电枢电源,系统就会慢下来,最后停车,这叫作自由停车法。自由停车一般较慢,特别是空载自由停车,更是需要较长的时间。如果希望制动过程加快,可以使用电磁制动器,即所谓"抱闸";也可使用电气制动方法,常用的有能耗制动、反接制动等,使电动机产生一个负的转矩(即制动转矩),以便系统较快地停下来。

在调速系统减速过程中,还可应用回馈制动(或称再生制动)。应用上述三种电气制动方法,也可以使位能性负载的工作机构获得稳定的下降速度。

2.3.1　能耗制动

若一台拖动恒转矩负载的他励直流电动机工作在正向电动运行状态,其原理接线图如图 2-14 所示。此时,开关 K 接在电源侧位置。电动机工作点在 A 点,如图 2-15 所示。当开关从上边拉至下边时,即拉至电阻侧时,电源电压被切除,电枢回路中串入了制动电阻

R_B。这时他励直流电动机的机械特性由曲线 1 变为曲线 2。在开关切换后的瞬间,由于转速 n 不能突变,磁通不变,电枢感应电动势 E_a 保持不变,即 $E_a>0$,电动机的运行点沿虚线从 A 点跳变到 B 点,而此刻电压 $U=0$。因此电枢电流 $I_{aB}=-\dfrac{E_a}{R_a+R_B}<0$,与在电动状态时的电流 I_a 方向相反,由此产生的电磁转矩 $T_B=C_T\Phi I_{aB}<0$,T_B 与在电动状态时的 T_{em} 相反,为制动性质的电磁转矩。电磁转矩 T_B 和负载转矩都是制动转矩,系统减速。在减速过程中,E_a 逐渐下降,I_{aB} 和 T_B 逐渐加大(绝对值逐渐减小),电动机运行点从曲线 2 的 B 点向下移动。

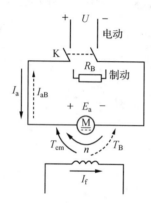

图 2-14 能耗制动原理接线图　　图 2-15 能耗制动时的机械特性

如果电动机所带负载为反抗性负载,运行点到达 O 点时,电磁转矩和转速为零,电动机将停车。

如果电动机所带负载为位能性负载,运行点到达 O 点时,虽然电磁转矩和转速为零,但电动机在负载作用下,反向旋转,运行点沿特性曲线 OC 移动,直到 C 点($T_{em}=T_L$)稳定运行,使重物匀速下降。

改变制动电阻 R_B 的大小可以改变能耗制动特性曲线的斜率,从而可以改变制动转矩及下放负载的速度。R_B 越小,特性曲线的斜率越小,起始制动转矩越大,而下放负载的速度越小。但制动电阻越小,制动电流越大。为了避免过大的制动转矩和制动电流对系统带来的不利影响,选择制动电阻的原则是

$$I_{aB}=\frac{E_a}{R_a+R_B}\leqslant I_{max}=(2\sim2.5)I_N$$

即

$$R_B\geqslant\frac{E_a}{(2\sim2.5)I_N}-R_a \tag{2-10}$$

在能耗制动过程中,电动机实际上是一台与电网无关的直流发电机。把电动机在切断电源时所存储于系统的机械能转换成电能,消耗在电枢回路的电阻上,直到机械能消耗完,电动机停止转动。

能耗制动具有制动准确、平稳、可靠、能量消耗少和控制线路简单等特点。能耗制动的缺点是随着转速下降,电动势减小,制动电流和制动转矩也随着减小,制动效果变差。若为

了尽快使电动机停转,可在转速下降到一定程度时,切除一部分制动电阻,增大制动转矩,也可以和机械制动配合使用。

例 2-5 一台他励直流电动机的额定功率 $P_N=2.5$ kW,额定电压 $U_N=220$ V,额定电流 $I_N=12.5$ A,额定转速 $n_N=1\,500$ r/min,电枢回路总电阻 $R_a=0.8$ Ω。

(1) 当电动机以 1 200 r/min 的转速运行时,采用能耗制动停车,若限制最大制动电流为 $2I_N$,则电枢回路中应串入多大的制动电阻?

(2) 若负载为位能性恒转矩负载,负载转矩为 $T_L=0.9T_N$,采用能耗制动使负载以 120 r/min 的速度稳速下放,电枢回路中应串入多大的电阻?

解 (1) $C_e\Phi_N=\dfrac{U_N-I_NR_a}{n_N}=\dfrac{220-12.5\times0.8}{1\,500}=0.14$

以 1 200 r/min 的转速运行时的感应电动势为

$$E_a=C_e\Phi_N n=0.14\times1\,200\ \text{V}=168\ \text{V}$$

应串入的制动电阻为

$$R_B=\dfrac{-E_a}{-I_{\max}}-R_a=\left(\dfrac{168}{2\times12.5}-0.8\right)\Omega=5.92\ \Omega$$

(2) 根据机械特性方程式 $n=-\dfrac{R_a+R_B}{C_eC_T\Phi_N^2}T_L$,此时,$n=-120$,$T_L=0.9T_N$,则

$$-120=-\dfrac{0.8+R_B}{9.55\times0.14^2}\times0.9\times9.55\times0.14\times12.5$$

故 $R_B\approx0.69\ \Omega$。

2.3.2 反接制动

反接制动可以用两种方法来实现,即电压反接制动和倒拉反转反接制动。

1. 电压反接制动

电压反接制动是把正向运行的他励直流电动机的电枢电压突然反接,同时在电枢回路中串入限流的反接制动电阻来实现的,其原理图如图 2-16 所示。

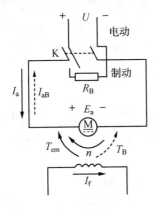

图 2-16 电压反接制动原理接线图

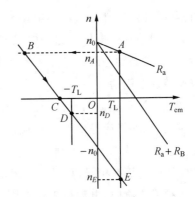

图 2-17 电压反接制动的机械特性

图 2-16 中,开关 K 投向"电动"侧时,电枢接正向电压,电动机处于电动状态。此时,电动机的转速 n、电动势 E_a、电枢电流 I_a、电磁转矩 T_{em} 的方向如图 2-16 中的实线所示。进行制动时,开关 K 投向"制动"侧,电枢回路串入制动电阻 R_B 后,接上极性相反的电源电压,电枢回路内产生反向电流

$$I_{aB} = \frac{-U_N - E_a}{R_a + R_B} \tag{2-11}$$

反向的电枢电流 I_{aB} 产生反向的电磁转矩 T_B,从而产生很强的制动作用,转速迅速下降,所以称电压反接制动。

如图 2-17 所示,电动状态时,电动机工作在固有机械特性曲线的 A 点。当开关 K 投向"制动"侧时,电源就反接到电枢两端,并在电枢回路中接入了限流电阻 R_B。由于系统惯性的作用,在反接电源的瞬间,转速 n 的大小和方向都不变,电枢中感应电动势 E_a 的大小和方向也不变。但由于电源反接了,因而其机械特性是位于第二象限且斜率很大的一条直线。其运行点从 A 点跳变到 B 点,电枢电流 I_{aB} 和电磁转矩 T_B 都瞬时由正值变为负值。如图 2-16 所示,T_B 是制动性转矩,与负载转矩 T_L 的方向相同,在 T_B 和 T_L 共同作用下,电动机的工作点从 B 点向 C 点过渡,随着 n 的下降,E_a、I_{aB} 和 T_B 的绝对值都下降。

如果电动机所带负载为反抗性负载,并且 C 点的制动电磁转矩 $|T_B| \leqslant |T_L|$,当转速下降到接近于零时,迅速切断电源,电动机就会很快停下来,运行于 C 点。若 $|T_B| \geqslant |T_L|$,在反向电磁转矩的作用下,电动机将反向启动,沿特性曲线到达 D 点($|T_B| = |T_L|$),电动机以 n_D 的速度稳定运行;若制动的目的是停车,当转速下降到接近于零时,迅速切断电源,电动机就会很快停下来。

如果电动机所带的负载为位能性负载,则经过 C 点以后,电动机反向加速,一直到 E 点,电动机的电磁转矩等于位能性负载转矩时,以速度 n_E 稳定运行。

反接制动时的电枢电流 I_{aB} 是由电源电压和电枢反电动势共同建立的,因此数值较大。为使制动时的电枢电流在允许范围内,反接制动串入的限流电阻 R_B 要比能耗制动串入的限流电阻几乎大一倍。

反接制动的优点是制动转矩大、制动时间短;缺点是制动准确性差、制动过程中冲击强烈,易损坏传动零件。此外,反接时,电动机既吸取电源电能,又吸取由机械能转变的电能,并将这两部分能量消耗于电枢回路的电阻 R_a 和数值较大的限流电阻 R_B 上,能量消耗较大,不经济。所以,反接制动一般都应用于不经常启动和制动的场合。

2. 倒拉反转反接制动

倒拉反转反接制动只适用于位能性恒转矩负载。他励直流电动机拖动位能性负载时为了稳速下放重物,电动机应提供制动性质的电磁转矩,即采用转速反向反接制动,使电动机工作于限速制动运行状态。反接制动的电路图如图 2-18(b)所示,接线与提升重物时的电动状态[图 2-18(a)]基本相同,只是在电枢电路中串联一个电阻 R_B。

当电动机提升重物时,电动机工作在固有机械特性的 A 点,稳定运行于电动机状态,如图 2-18(c)所示。下放重物时,电枢电路中串联一个较大的电阻 R_B,在制动下放重物的瞬

间,电动机的转速 n 不变,电动机工作点由 A 点跳变到 B 点。由于电枢回路中串联一个较大的电阻 R_B,所以电枢电流变小,电磁转矩变小,即 $T_B<T_L$。在负载重力的作用下,转速迅速沿特性曲线下降到零,如图 2-18(c)所示的 C 点。在 C 点,电磁转矩还是小于负载转矩,电动机开始反转,也称倒拉反转,使转速反向,$n<0$,$E_a<0$,此时电枢电流为

$$I_{aB}=\frac{U-(-E_a)}{R_a+R_B}=\frac{U+E_a}{R_a+R_B} \tag{2-12}$$

电枢电流仍为正值,以致电磁转矩也是正值,未改变方向,但由于转速方向已改变,因此电磁转矩与转速方向相反,成为制动转矩,电动机处于制动状态。随着转速的升高,电枢电流增大,电磁转矩也增大,直到 $T_{em}=T_L$ 时,电动机将在 D 点稳定运行,开始匀速下放重物。

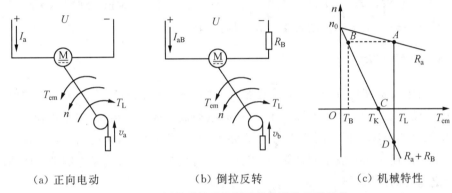

(a) 正向电动　　　　　(b) 倒拉反转　　　　　(c) 机械特性

图 2-18　倒拉反转反接制动的电路和机械特性

由于电枢电路串接的电阻 R_B 较大,因此转速 n 为负值,机械特性为电动状态下电枢串电阻时的人为特性在第四象限的部分。倒拉反转反接制动的功率关系与电压反接制动的功率关系相似,区别在于电压反接制动时,电动机输入的机械功率由系统储存的动能提供,而倒拉反转反接制动则是由位能性负载以位能减少来提供。

倒拉反转反接制动的特点是设备简单,操作方便,电枢回路中串入的电阻较大,机械特性较软,转速稳定性差,能量损耗较大。倒拉反转反接制动适用于位能性负载低速下放重物。

例 2-6　一台他励直流电动机的额定功率 $P_N=4$ kW,额定电压 $U_N=220$ V,额定电流 $I_N=22.3$ A,额定转速 $n_N=1\,000$ r/min,电枢回路总电阻 $R_a=0.91$ Ω。运行于额定状态,为使电动机停车,采用电枢电压反接制动,串入电枢回路的电阻为 9 Ω。电动机拖动反抗性负载转矩运行于正向电动状态时,$T_L=0.85T_N$。

(1) 制动开始瞬间电动机的电磁转矩是多少?

(2) $n=0$ 时电动机的电磁转矩是多少?

(3) 如果负载为反抗性负载,在制动到 $n=0$ 时不切断电源,电动机会反转吗,为什么?

解　(1) $C_e\Phi_N=\dfrac{U_N-I_NR_a}{n_N}=\dfrac{220-22.3\times0.91}{1\,000}\approx0.2$

制动开始瞬间的感应电动势为

$$E_a=U_N-I_aR_a=(220-22.3\times0.91)\text{V}\approx200\text{ V}$$

制动瞬间的电流为

$$I_Z = \frac{-U_N - E_a}{R_B + R_a} = \frac{-220 - 200}{9 + 0.91} \text{ A} \approx 42.4 \text{ A}$$

电磁转矩 $T_{em} = 9.55 C_e \Phi I_Z = 9.55 \times 0.2 \times 42.4 \text{ N·m} \approx 81 \text{ N·m}$

(2) 当 $n = 0$ 时,$E_a = 0$,$I_Z = \dfrac{-U_N - E_a}{R_B + R_a} = \dfrac{-220 - 0}{9 + 0.91}$ A ≈ -22.2 A,则电磁转矩

$$T_{em} = 9.55 C_e \Phi I_Z = 9.55 \times 0.2 \times (-22.2) \text{ N·m} \approx -42.4 \text{ N·m}$$

(3) 如果负载为反抗性负载,在制动到 $n = 0$ 时不切断电源,$T_{em} = -42.4$ N·m 将成为反向拖动转矩。此时的负载转矩大小为

$$T_L = 9.55 C_e \Phi \times 0.85 I_N = 9.55 \times 0.2 \times 0.85 \times 22.3 \text{ N·m} \approx 36.2 \text{ N·m}$$

由于负载转矩小于反向拖动转矩,电动机将反转。

2.3.3 回馈制动

他励直流电动机在运行时,由于某些客观原因,使电动机的转速 n 大于理想空载转速 n_0,电枢中的反电动势 E_a 大于电源电压 U,此时电动机变成了发电机,电枢电流的方向发生了改变,由原来与电源电压相同变为与电压相反,电流流向电网,向电网反馈电能。电磁转矩也由于电流的反向而变成了制动转矩,因此称为再生制动,又称为发电制动或回馈制动。

1. 稳定运行的回馈制动

回馈制动分为正向回馈制动和反向回馈制动。它们的机械特性方程与电动状态时相同,只是运行在特性曲线上不同的区段而已,正向回馈制动的机械特性位于第二象限,反向回馈制动的机械特性位于第四象限,如图 2-19 所示。

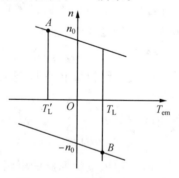

图 2-19 回馈制动的机械特性

(1) 机车下坡

当电动机拖动机车下坡出现回馈制动时,机械特性位于第二象限,如图 2-19 中的 $n_0 A$ 段,$n > n_0$,因此这种回馈制动称为正向回馈制动,A 点是电动机处于正向回馈制动时的稳定运行点,表示机车以恒定的速度下坡。电动机处于正向回馈制动状态,把电车的动能变为电能回馈给电网。

(2) 电动机拖动位能性负载,下放重物

此过程是电压反接制动过程,其接线图和机械特性图在图 2-16 和图 2-17 中已做介绍,

不再详述。电动机经制动减速后,又开始反向电动加速,最后到达 E 点稳定运行。为防止转速过高,可在反向回馈制动后,将电枢回路的串接电阻全部切除,使电动机运行在电压反接的固有机械特性的反向回馈制动状态,如图 2-19 中的 B 点。当电动机拖动起重机下放重物时出现的回馈制动,机械特性位于第四象限,因此这种回馈制动称为反向回馈制动。B 点是电动机处于反向回馈制动时的稳定运行点,表示匀速下放重物。

由图 2-19 可以看出,再生制动运行时,电磁转矩 T_{em} 与速度 n 的方向相反,T_{em} 与 T_L 平衡时,电车恒速行驶。此时,机械功率不是靠负载减少动能来提供的,而是由电车减少位能的储存来提供的。

2. 过渡过程的回馈制动

除了以上两种回馈制动稳定运行外,还有一种发生在降低电枢电压调速过程和弱磁状态下增磁调速过程中的回馈制动。

① 在图 2-20(a)中,A 点是电动状态运行工作点,对应电压为 U_1,转速为 n_A,降压调速时,电压降为 U_2,因转速不变,工作点由 A 点平移到 B 点,此后工作点在降压人为机械特性的 BC 段上变化,电动机处于回馈制动过程,这一过程加快电动机减速。当转速降到 n_{02} 时,制动过程结束。从 n_{02} 到 C 点的过程为电动减速过程,n_C 为降压后的稳定运行转速。

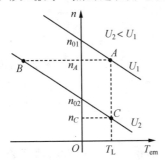 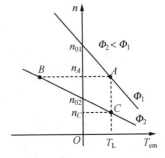

(a) 降压调速时产生的回馈制动　　(b) 增磁调速时产生的回馈制动

图 2-20　过渡过程的回馈制动

② 在图 2-20(b)中,A 点是电动状态运行工作点,对应磁通为 Φ_1,转速为 n_A,增磁调速时,磁通增大为 Φ_2。因转速不变,工作点由 A 点平移到 B 点,此后工作点在增磁人为机械特性的 BC 段上变化,电动机进入回馈制动过程,这一过程加快电动机减速。当转速降到 n_{02} 时,制动过程结束。从 n_{02} 到 C 点的过程为电动减速过程,n_C 为增磁后的稳定运行转速。

再生制动与能耗制动、反接制动的区别在于,后两个制动过程都是转速从高速到低速,直至 $n=0$ 停车的过程;而再生制动仅仅是一个减速过程,转速从高于理想空载转速 n_0 的速度减到 $n=n_0$。转速高于理想空载转速是再生制动运行状态的重要特点。

再生制动的优点在于无须改接线路,电动机即可从电动状态自动转换为发电制动状态而限制转速上升,并能把电能回馈给电网,使电能获得利用,因此,从能量观点来看是比较经济的。缺点是制动的速度较高,且不能使转速降到零而停车。再生制动方式适用于快速下放较轻的位能性负载。

任务 2.4　他励直流电动机的调速

【任务设置】

对实际的机械负载,尤其是车间加工零件和机车运行,调速都是必不可少的环节。对于直流电动机在工作过程中怎样实现?有哪些常用的方法?有哪些要求和注意事项?

【任务目标】

① 了解直流电动机各种调速方法的优缺点。
② 掌握直流电动机调速的主要方法原理和调速性能指标的含义。
③ 掌握调速方法与负载类型合理配合的意义。
④ 能完成对直流电动机调速控制线路的设计、安装及调试任务。

【相关知识】

为了使生产机械以最合理的速度进行工作,从而提高生产率和保证产品具有较高的质量,大量的生产机械(如各种机床、轧钢机、造纸机、纺织机械等)要求在不同的情况下以不同的速度工作。这就要求采用一定的方法来改变生产机械的工作速度,以满足生产的需要,这种人为地改变电动机的转速通常称为调速。

调速可采用机械方法、电气方法或机械电气配合的方法。在用机械方法调速的设备上,速度的调节用改变传动机构的速比来实现,但机械变速机构较复杂。用电气方法调速,电动机在一定负载情况下可获得多种转速,电动机可与工作机构同轴,或其间只用一套变速机构,机械上较简单,但电气上可能较复杂。在机械电气配合的调速设备上,用电动机获得几种转速,配合用几套(一般用三套左右)机械变速机构来调速。究竟用何种方案,以及机械电气如何配合,要全面考虑,有时要进行各种方案的技术经济比较才能决定。本节只讨论他励直流电动机的调速方法及其优缺点。

2.4.1　调速指标

调速性能的好坏主要从以下五个方面进行判断。

1. 调速范围

调速范围指电动机在额定负载下可能运行的最高转速 n_{max} 与最低转速 n_{min} 的比值,通常用 D 来表示,即

$$D = \frac{n_{max}}{n_{min}} \tag{2-13}$$

电动机的最高转速 n_{max} 受其机械强度、换向条件、电压等级等方面的因素限制,最低转速 n_{min} 则受到相对稳定性的限制。不同的生产机械对电动机的调速范围也有不同的要求。例如,车床要求 20~120 r/min,轧钢机要求 3~120 r/min,造纸机要求 3~20 r/min。

2. 静差率

静差率又称相对稳定性,是指负载变化时电动机转速变化的程度,通常用 δ 表示。它与机械特性硬度有关,该数值越小,说明电动机稳定性越好。

$$\delta = \frac{n_0 - n_N}{n_N} \times 100\% = \frac{\Delta n_N}{n_N} \times 100\% \tag{2-14}$$

静差率 δ 与调速范围 D 是两个相互制约的指标,两者的关系为

$$D = \frac{n_{max}}{n_{0min}} = \frac{n_{max}}{n_{0min} - \Delta n_N} = \frac{n_{max}}{\frac{\Delta n_N}{\delta} - \Delta n_N} = \frac{n_{max}\delta}{\Delta n_N(1-\delta)} \tag{2-15}$$

不同的生产机械对静差率 δ 的要求不同。例如,普通车床要求 δ<30%,刨床要求 δ<10%,高精度造纸机要求 δ<0.1%。在保证一定静差率 δ 指标的前提下,要扩大调速范围 D,就必须减小转速降 Δn,即必须提高机械特性的硬度。

3. 平滑性

平滑性是指相邻两级转速之比,常用 φ 来表示。可见在一定的调速范围内,调速的级数越多,就认为调速越平滑。

$$\varphi = \frac{n_i}{n_{i-1}} \tag{2-16}$$

平滑系数 φ≈1 时,称为无级调速;调速不连续时,称为有级调速。

4. 经济性

经济性主要包含两个方面的内容:一是指调速所需的设备投资和调速过程中的能量损耗;二是电动机调速时是否得到充分利用。

5. 调速时的允许输出

调速时的允许输出是指在额定电流下调速时,电动机允许输出的最大转矩或最大功率,主要有最大转矩与转速无关的恒转矩调速和最大功率与转速无关的恒功率调速两种。

2.4.2 调速方法

1. 电枢回路串电阻调速(简称串电阻调速)

他励电动机的电枢回路串电阻调速过程的机械特性变化如图 2-21 所示。

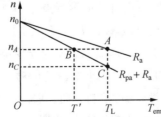

图 2-21 他励电动机的电枢回路串电阻调速过程

负载转矩为 T_L，电动机运行在固有特性时，电动机稳定运行在 A 点，转速为 n_A。若在电枢回路中串上电阻，电动机的机械特性变软。调速开始的瞬间，忽略电磁惯性（即过渡过程），电动机的机械特性立即由固有特性转变为人为特性，由于机械惯性的存在，转速开始时还是 n_A，图2-21中 B 点为满足上述情况的调速运行过程起始点。在 B 点位置时，电动机产生的电磁转矩 T' 小于负载转矩 T_L，电动机开始降速，直到转速降至 C 点位置时，电磁转矩与负载转矩又达到平衡状态，进入稳定运行。电动机转速由 n_A 调至 n_C，调速过程完成。控制调速电阻 R_{pa} 的大小，即可达到控制电动机转速的目的。在固有特性下运行时，串电阻调速会使电动机降速。

电枢回路串电阻调速的优点如下：

① 设备简单，投资少。

② 只需增设电阻和切换开关，操作方便，适用于小功率电动机，如电气机车。

电枢回路串电阻调速的缺点如下：

① 在负载转矩 T_L 很小或空载运行时，调速效果不显著。

② 电动机调到低速时，转速受负载变化的影响较大，经济性能差。

③ 调速电阻 R_{pa} 通过电枢电流，数值较大，因此体积较大，调速时只能分有限的几挡，不能实现无级调速。

④ 调速电阻 R_{pa} 消耗电能，使电能损耗增大。

⑤ 属于恒转矩调速方式，转速只能由额定转速往下调。

目前，此种方式已逐步被晶闸管直流电源调速代替。

2. 减弱磁通调速（简称弱磁调速）

减弱磁通调速过程的机械特性变化如图2-22所示。

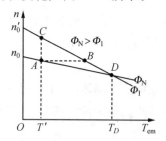

图2-22 他励电动机弱磁调速过程

由于电动机在固有特性下运行时，电枢铁芯的磁通值处于饱和状态，所以改变磁通调速一般均采用自额定磁通值向下减弱的方法。磁通减弱后的机械特性曲线与固有特性曲线有交点 D，当负载转矩 $T_L < T_D$ 时，电动机由稳定运行点 A 跳变到 B 点，然后逐渐升速至新的稳定运行点 C，电动机转速升高；当负载转矩 $T_L > T_D$ 时，弱磁调速即为降速。一般情况下，电动机的额定负载转矩 T_{LN} 远小于 T_D，所以弱磁调速能使电动机提速。

弱磁调速的优点是：改变磁通是通过在小电流的励磁回路中改变串接励磁电阻值来实现的，所以能量损耗小，调速平滑性较高，控制方便。弱磁调速的缺点是：受电动机换向能力和机械强度的限制，转速不能超过额定值太多，因此调速范围不大，一般作为辅助调速，在磁通减少太多时,电枢磁场对主磁场的影响较大,会使电动机火花增大,造成换向困难。

3. 降低电源电压调速(简称降压调速)

降低电源电压调速过程的机械特性变化如图 2-23 所示。

由于电枢绕组受绝缘水平的限制,所以只允许电源电压自额定值起向低值改变。同样可分析出,当电动机从 A 点跳变到 B 点,然后逐渐降速至新的运行点 C,实现了调速的目的。控制电源电压的大小,即能控制电动机的转速,因此,降压调速会使电动机降速。

降压调速的优点是可克服电枢回路串电阻调速的所有缺点。

降压调速的缺点是需要一套较复杂的直流电源调压设备,价格较高。

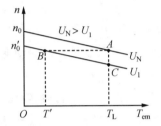

图 2-23 他励电动机降压调速过程

例 2-7 一台他励直流电动机的额定数据为:$P_N=4$ kW,$U_N=110$ V,$I_N=44.8$ A,$n_N=1\,500$ r/min,$R_a=0.23$ Ω,电机带额定负载运行。若使转速下降为 1 000 r/min,采用降压调速方法时,电压应为多少?

解 根据 $U=C_e\Phi n+I_N R_a$,得

$$C_e\Phi=\frac{U_N-I_N R_a}{n_N}=\frac{110-44.8\times 0.23}{1\,500}\approx 0.066$$

根据 $U=C_e\Phi n+I_N R_a$,代入数据得

$$U=(0.066\times 1\,000+44.8\times 0.23)\text{V}\approx 76.3\text{ V}$$

小　结

凡是由电动机将电能转换为机械能拖动生产机械,并完成一定工艺要求的系统,都称为电力拖动系统。电力拖动系统一般由电动机、生产机械的工作机构、传动机构、控制设备及电源等几个部分组成。

生产实践中的电力拖动系统有很多,但是它们都是一个动力学整体,因而可以用运动方程式来研究。电力拖动系统运动方程式描写了电动机轴上的电磁转矩、负载转矩与转速三者之间的关系,即 $T_{em}-T_L=\dfrac{GD^2}{375}\cdot\dfrac{dn}{dt}$。运动方程式表示了电力拖动系统机械运动的普遍规律,是研究电力拖动系统各种运动状态的基础,也是生产实践中设计计算的基础,是个很重要的公式。

负载的机械特性是指负载转矩 T_L 与转速 n 之间的函数关系,即 $n=f(T_L)$。常见的负载有恒转矩负载(包括反抗性恒转矩负载和位能性恒转矩负载)、恒功率负载和通风机型负载。实际生产机械往往是以某种类型负载为主,其他类型负载也同时存在。

电动机的机械特性是指电磁转矩 T_{em} 与转速 n 之间的函数关系,即 $n=f(T_{em})$。他励直流电动机的机械特性方程式是

$$n = \frac{U_N}{C_e \Phi_N} - \frac{R_a}{C_e C_T \Phi_N^2} T_{em}$$

$U=U_N$,$\Phi=\Phi_N$,电枢回路中附加电阻 $R_{pa}=0$ 时的机械特性为固有机械特性。改变 U、Φ、R 可以得到人为机械特性。

他励直流电动机启动时,因为外加电压全部加在电枢电阻 R_a 上,该电阻又很小,致使启动电流很大,一般不允许直接启动。为了限制过大的启动电流,多采用电枢回路串电阻的降压启动。

他励直流电动机的制动方法有三种,即反接制动、能耗制动和回馈制动。对于每一种制动方法,应重点掌握其制动实现方法、制动特性、制动过程、能量关系、特点和应用等。

他励直流电动机的调速是指在负载恒定不变时,人为地改变电动机的外加电压 U、电枢回路中附加电阻 R_{pa}、主磁通 Φ,使电动机的转速得到改变。他励直流电动机的调速和由于负载波动引起的速度变化是不同的。

思考与练习题

2-1 什么是电力拖动系统?它包括哪几个部分?都起什么作用?

2-2 生产负载的机械特性常见的有哪几个类型?各有什么特点?

2-3 从运动方程式中,如何判定系统的各种运行状态,是处于加速、减速、稳定还是静止?

2-4 他励直流电动机固有机械特性 $n=f(T_{em})$ 的条件是什么?一台他励电动机的固有机械特性有几条?人为机械特性有几类?

2-5 电动机的理想空载转速与实际空载转速有何区别?

2-6 当并励直流电动机的负载转矩和电源电压不变时,减小电枢回路电阻,会引起电动机转速的何种变化?为什么?

2-7 一台他励直流电动机的数据为:$P_N=10$ kW,$U_N=220$ V,$I_N=53.4$ A,$n_N=1\,500$ r/min,$R_a=0.4$ Ω。试绘制以下几条机械特性曲线:

(1) 固有机械特性;

(2) 电枢串入 1.6 Ω 电阻的机械特性;

(3) 电源电压降至额定电压一半的机械特性;

(4) 磁通减少30%的机械特性。

2-8 一台他励直流电动机数据与题2-7数据相同,求:

(1) 在额定负载下运行时的电磁转矩、输出转矩及空载转矩;

(2) 理想空载转速和实际空载转速;

(3) 负载为额定负载一半时的转速;

(4) $n=1\,600$ r/min时的电枢电流。

2-9 一台他励直流电动机的铭牌数据如下:$P_N=60$ kW,$U_N=220$ V,$I_N=305$ A,$n_N=1\,000$ r/min。试求:

(1) 固有机械特性;

(2) $R=0.5\ \Omega$ 的人为机械特性。

2-10 一台他励直流电动机的技术数据为:$P_N=7.5$ kW,$U_N=110$ V,$I_N=85.2$ A,$n_N=750$ r/min,$R_a=0.13\ \Omega$。问:

(1) 直接启动时的启动电流是额定电流的多少倍?

(2) 若限制启动电流为1.5倍,电枢回路应串入多大的电阻?

2-11 一台他励直流电动机的额定功率 $P_N=2.5$ kW,额定电压 $U_N=220$ V,额定电流 $I_N=12.5$ A,额定转速 $n_N=1\,500$ r/min,电枢回路总电阻 $R_a=0.8\ \Omega$。

(1) 当电动机以1200 r/min的转速运行时,采用能耗制动停车,若限制最大制动电流为 $2I_N$,则电枢回路中应串入多大的制动电阻?

(2) 若负载为位能性恒转矩负载,负载转矩为 $T_L=0.9T_N$,采用能耗制动使负载以120 r/min的转速稳速下降,电枢回路应串入多大的电阻?

2-12 直流他励电动机的铭牌数据为 $P_N=13$ kW,$U_N=220$ V,$n_N=1\,500$ r/min,$I_N=68.6$ A,$R_a=0.225\ \Omega$。用该电动机拖动起重机,当其轴上的负载转矩为额定转矩的一半即 $I=\frac{1}{2}I_N$ 时,要求电动机在能耗制动状态下以800 r/min的稳定低速下放重物,试求电枢回路中应串入电阻的数值。

2-13 一台他励直流电机的技术数据如下:$P_N=10$ kW,$U_N=110$ V,$I_N=112$ A,$n_N=750$ r/min,$R_a=0.1\ \Omega$,设电机带反抗性恒转矩负载运行于额定状态。问:采用电压反接制动,使最大制动电流为 $2.2I_N$,电枢电路应串入多大电阻?

2-14 一台他励直流电动机的铭牌数据如下:$P_N=13$ kW,$U_N=220$ V,$I_N=68.7$ A,$n_N=1\,500$ r/min,$R_a=0.224\ \Omega$。该电动机拖动额定负载运行,要求把转速降到1000 r/min,不计电动机的空载转矩 T_0,试计算:采用电枢串电阻调速时需串入的电阻值。

2-15 一台他励直流电动机的额定数据为 $P_N=100$ kW,$I_N=511$ A,$U_N=220$ V,$n_N=1\,500$ r/min,电枢电阻总电阻 $R_a=0.04\ \Omega$,电动机带额定负载运行。用串电阻法将转速降至600 r/min,应在电枢电路串多大的电阻?

项目 3　变压器

与旋转电动机相比，变压器是一种静止的电气设备，主要是通过法拉第电磁感应原理，根据需要将一种电压和电流等级的交流电能转换成另一种或几种电压和电流等级的交流电能。在能量转换的过程中，交流电的频率不变，能量的总和保持不变。

在电力系统中，变压器是一种很重要的电气设备，在电能的传输、分配和安全使用方面起着举足轻重的作用。这是因为受客观条件的限制，从发电厂或发电站直接发出来的交流电的电压一般不超过 27 kV，如果直接传输的话，线路会产生较大的损耗，导致这种电压等级的交流电几乎不可能被输送很远的距离供给用户使用。所以，要想将其正常合理地传输，必须经过多次升压将其电压值升高至 110 kV、220 kV、500 kV，甚至更高，以减小输电过程中的电流，起到降低损耗的目的，使用户最大限度地获得电能，并且一般也会要求输电电压的等级随着输电距离的增加而提高。当然，到达用户前，还必须经过 3~5 次的降压才能被用户使用。这种主要用来改变电压等级，便于电能传输、分配所用的变压器就称为电力变压器，变压器作为能量传递或信号传递的元件，主要应用在电力拖动系统或自动控制系统的整流设备、试验设备、测量设备和控制设备中。

本章首先介绍变压器的结构和工作原理，然后介绍变压器空载及负载运行特性、变压器参数的测定和标幺值，最后介绍三相变压器和特殊变压器。

任务 3.1　认识变压器

【任务设置】

在电力系统中，变压器起着重要的作用。首先了解和掌握变压器的工作原理与其结构组成部分，并且对各组成部分的作用进行了解。

【任务目标】

① 掌握变压器的工作原理、结构组成以及各组成部分的作用。

② 正确理解变压器的铭牌数据和分类。

【相关知识】

3.1.1 变压器的结构

变压器的主要结构部件有：铁芯和绕组两个基本部分组成的器身，以及放置器身且盛有变压器油的油箱。此外，还有为把绕组端子从油箱内引出而在油箱盖上安装的绝缘套管，为在一定范围内调整电压而附的分接开关等。下面简要地介绍变压器铁芯和绕组的结构。

1. 铁芯

铁芯是变压器中主要的磁路部分。为了减少铁芯内的磁滞损耗和涡流损耗，铁芯通常用含硅量较高，厚度为 0.35 mm 或 0.5 mm，表面涂有绝缘漆的热轧或冷轧硅钢片叠装而成。铁芯分为铁芯柱和铁轭两部分，铁芯柱上套装有绕组，铁轭则作为闭合磁路之用。

铁芯结构的基本形式有芯式和壳式两种。图 3-1 及图 3-2 分别为单相和三相芯式变压器的铁芯及绕组。这种铁芯结构的特点是：铁轭靠着绕组的顶面和底面，而不包围绕组的侧面。它的结构较为简单，绕组的装配及绝缘也较容易，因而绝大部分国产变压器均采用芯式结构。

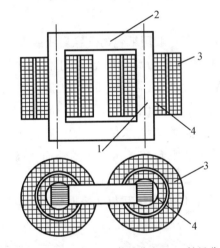

1—铁芯柱；2—铁轭；3—高压绕组；4—低压绕组。

图 3-1 单相芯式变压器

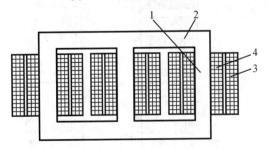

1—铁芯柱；2—铁轭；3—高压绕组；4—低压绕组。

图 3-2 三相芯式变压器

图3-3表示了单相壳式变压器的铁芯和绕组。这种铁芯结构的特点是：铁轭不仅包围绕组的顶面和底面，而且还包围着绕组的侧面。由于其制造工艺复杂，使用材料较多，因此，目前除了容量很小的电源变压器以外，很少采用壳式结构。

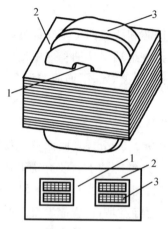

1—铁芯柱；2—铁轭；3—绕组。

图3-3　单相壳式变压器

2. 绕组

绕组是变压器的电路部分，它一般用纸包的绝缘扁线或圆线绕成。

变压器中接于高压电网的绕组称为高压绕组，接于低压电网的绕组称为低压绕组。从高、低压绕组之间的相对位置来看，变压器绕组可布置成同芯式或交叠式两类。同芯式绕组指高、低压绕组同芯地套在铁芯柱上，如图3-1、图3-2所示。为了便于绝缘，一般低压绕组套在里面，高压绕组套在外面。但对大容量、低压、大电流变压器，由于低压绕组引出线的引出在工艺上的困难，往往把低压绕组套在高压绕组的外面。高、低压绕组之间留有油道，既利于绕组散热，又可作为两绕组之间的绝缘使用。

交叠式绕组都做成饼式，高、低压绕组互相交叠地放置，如图3-4所示。为了便于绝缘，一般最上层和最下层的两个绕组都是低压绕组。

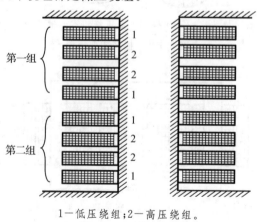

1—低压绕组；2—高压绕组。

图3-4　交叠式绕组

同芯式绕组按其绕制方法不同,又可分为圆筒式、螺旋式和连续式等几种。不同结构形式的绕组具有不同的电气、机械及散热方面的特性,也具有不同的适用范围。

同芯式绕组结构简单,制造方便,国产电力变压器均采用这种结构。交叠式绕组的主要优点是:漏电抗小,机械强度高,引线方便。较大型的电炉变压器常采用这种结构。

3. 其他结构部件

变压器除了铁芯、绕组等主要部件外,典型的油浸式电力变压器还有油箱、储油柜、散热器、高压及低压绝缘套管以及继电保护装置等。油浸式电力变压器外形如图 3-5 所示。

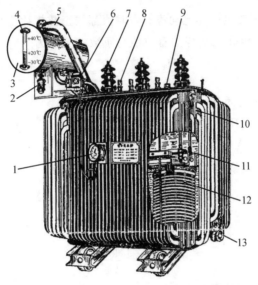

1—信号式温度计;2—吸湿器;3—储油柜;4—油位计;5—安全气道;6—气体继电器;
7—高压套管;8—低压套管;9—分接开关;10—油箱;11—铁芯;12—线圈;13—放油阀门。

图 3-5 油浸式电力变压器

3.1.2 变压器的工作原理

由于变压器是利用电磁感应原理工作的,因此它主要由铁芯和套在铁芯上的两个(或两个以上)互相绝缘的线圈组成,线圈之间有磁的耦合,但没有电的联系,如图 3-6 所示。

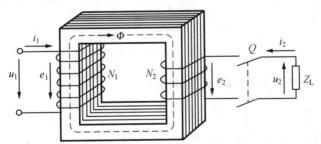

图 3-6 变压器的工作原理图

通常一个线圈接交流电源,称为一次绕组(俗称原绕组或初级绕组)。另一个线圈接负载,称为二次绕组(俗称副绕组或次级绕组)。当在一次绕组两端加上合适的交流电源时,在

电源电压 u_1 的作用下,一次绕组中就有交流电流 i_1 流过,产生一次绕组磁动势,于是铁芯中激励起交变的磁通 Φ,这个交变的磁通 Φ 同时交链一次、二次绕组,根据电磁感应定律,便在一次、二次绕组中产生感应电动势 e_1 和 e_2。二次绕组在感应电动势 e_2 的作用下,便向负载供电,实现了能量传递。按图中标明的变量关系,变压器的电动势平衡方程可写成

$$u_1 = -e_1 = N_1 \frac{\mathrm{d}\Phi}{\mathrm{d}t} \tag{3-1}$$

$$u_2 = e_2 = N_2 \frac{\mathrm{d}\Phi}{\mathrm{d}t} \tag{3-2}$$

假定变压器两边绕组的电压和电动势的瞬时值都按正弦规律变化,由式(3-1)和式(3-2)可得一次、二次绕组中电压和电动势的有效值与匝数的关系为

$$\frac{U_1}{U_2} = \frac{E_1}{E_2} = \frac{N_1}{N_2} = k \tag{3-3}$$

其中,k 称为电压比,亦称为匝比。

根据能量守恒原理,变压器的输入与输出电能相等,即

$$U_1 I_1 = U_2 I_2$$

由此可得变压器一次、二次绕组中电压和电流有效值的关系

$$\frac{U_1}{U_2} = \frac{I_2}{I_1} \tag{3-4}$$

也就是

$$\frac{I_1}{I_2} = \frac{1}{k} \tag{3-5}$$

因此,只要改变一次、二次绕组的匝比 k,便可达到变换输出电压 u_2 或 i_2 大小的目的,这就是变压器利用电磁感应原理,将一种电压等级的交流电源转换成同频率的另一种电压等级的交流电源的基本工作原理。图 3-7 给出了常用变压器的电路符号表示法。

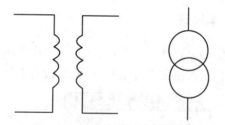

图 3-7 变压器的常用电路符号

3.1.3 变压器的分类、铭牌及额定值

1. 变压器的分类

为了达到不同的使用目的并适应不同的工作条件,对变压器可以从不同的角度进行分类。

(1) 按用途分类

变压器可以分为电力变压器和特种变压器两大类。电力变压器主要用于电力系统,又

可分为升压变压器、降压变压器、配电变压器和厂用变压器等；特种变压器根据不同系统和部门的要求，提供各种特殊电源和用途，如电炉变压器、整流变压器、电焊变压器、仪用互感器、试验用高压变压器和调压变压器等。

(2) 按绕组构成分类

变压器可分为双绕组、三绕组、多绕组变压器和自耦变压器。

(3) 按铁芯结构分类

变压器可分为壳式变压器和芯式变压器。

(4) 按相数分类

变压器可分为单相、三相和多相变压器。

(5) 按冷却方式分类

变压器可分为干式变压器、油浸式变压器（油浸自冷式、油浸风冷式和强迫油循环式等）、充气式变压器。

尽管变压器的种类繁多，但它们都是利用电磁感应原理制成的。

2. 变压器的铭牌

每台设备或用电器表面都会在其最醒目的位置标注其铭牌，变压器也不例外。在变压器铭牌上面，主要标有其型号、额定值以及其他一些数据。只有理解铭牌上的各种字母及数据的含义，才能正确使用变压器。下面就其型号、系列和额定数据做以下介绍。

(1) 变压器的型号

变压器的型号是一种标注，它是用六个汉语拼音字母配两个数字的方式来描述的，即

□□□□□□-×××/×××

其具体含义如下：

第一个字母表示绕组的耦合方式，"O"表示自耦变压器；

第二个字母表示相数，"D"表示单相，"S"表示三相；

第三个字母表示冷却方式，"C"表示干式浇注式绝缘，"F"表示油浸风冷，"FP"表示强迫油循环风冷，"G"表示干式空气自冷，"S"表示油浸自冷，"SP"表示强迫油循环水冷，若无字母表示油浸自冷；

第四个字母表示绕组数，"0"表示单绕组（自耦变压器），无字母表示双绕组，"S"表示三绕组；

第五个字母表示绕组导线材质，"L"表示铝线，无字母表示铜线；

第六个字母表示调压方式，"Z"表示有载调压，无字母表示无励磁调压；

第一个数字表示变压器的额定容量，单位为 kV·A；

第二个数字表示高压侧的额定电压，单位为 kV。

例如，型号 OSFSLZ-25000/220 表示自耦三相油浸风冷三绕组铝线有载调压，额定容量为 25 000 kV·A，高压侧额定电压为 220 kV 的电力变压器。

(2) 变压器的系列

目前我国生产的变压器的系列主要有 SJL（三相油浸自冷式铝线电力变压器）、SFPL

（三相强迫油循环风冷铝线电力变压器）、SFPSL（二相强迫油循环风冷三绕组铝线电力变压器）、S7（三相油浸自冷式铜线电力变压器）、SCL（三相环氧树脂干式浇注变压器）以及 SF7、SZ7、SZL7 等。

3. 变压器的额定参数

为了使变压器安全、经济、合理地运行，同时让用户对变压器的性能有所了解，制造厂家对每一台变压器都安装了一块铭牌，上面标明了变压器型号及各种额定数据，只有理解铭牌上的各种数据的含义，才能正确地使用变压器。下面介绍变压器的额定值。

(1) 额定电压 U_{1N} 和 U_{2N}

一次绕组的额定电压 U_{1N}（单位为 kV）是根据变压器的绝缘强度和容许发热条件规定的一次绕组正常工作时的电压值。二次绕组的额定电压 U_{2N} 指一次绕组加上额定电压，分接开关位于额定分接头时，二次绕组的空载电压值。对三相变压器，额定电压是指线电压。

(2) 额定电流 I_{1N} 和 I_{2N}

额定电流 I_{1N} 和 I_{2N}（单位为 A）是根据容许发热条件而规定的绕组长期容许通过的最大电流值。对三相变压器，额定电流是指线电流。

(3) 额定容量 S_N

额定容量 S_N（单位为 kV·A）指额定工作条件下变压器输出能力（视在功率）的保证值。三相变压器的额定容量是指三相容量之和。由于电力变压器的效率很高，忽略压降损耗时，对单相变压器

$$S_N = U_{2N} I_{2N} = U_{1N} I_{1N} \tag{3-6}$$

对三相变压器

$$S_N = \sqrt{3} U_{2N} I_{2N} = \sqrt{3} U_{1N} I_{1N} \tag{3-7}$$

当已知一台变压器的额定容量和额定电压时，可用上面两式计算该变压器的额定电流。

例 3-1 一台三相变压器，额定容量 $S_N = 400$ kV·A，一次侧、二次侧额定电压 $U_{1N}/U_{2N} = 10$ kV/0.4 kV，一次绕组为星形接法，二次绕组为三角形接法。

(1) 求一次侧、二次侧额定电流；

(2) 已知一次侧每相绕组的匝数是 150 匝，问二次侧每相绕组的匝数应为多少？

解 (1)
$$I_{1N} = \frac{S_N}{\sqrt{3} U_{1N}} \approx \frac{400}{1.732 \times 10} \text{A} \approx 23.1 \text{ A}$$

$$I_{2N} = \frac{S_N}{\sqrt{3} U_{2N}} \approx \frac{400}{1.732 \times 0.4} \text{A} \approx 577.4 \text{ A}$$

(2) 变压比为

$$k = \frac{U_1}{U_2} = \frac{N_1}{N_2} = \frac{10\ 000}{400} = 25$$

二次侧每相绕组的匝数

$$N_2 = \frac{N_1}{k} = \frac{150}{25} = 6$$

任务 3.2　变压器的运行分析

【任务设置】

变压器等效电路中的绕组电阻、漏电抗及励磁阻抗等都是变压器的参数，它们对变压器运行性能有直接的影响。要用基本方程式、等效电路等分析、计算变压器的运行性能，必须先确定其参数，因此我们要学会测定变压器的参数。

【任务目标】

① 掌握变压器空载运行及负载运行的分析方法。
② 掌握变压器参数测定的方法。

【相关知识】

3.2.1　变压器的空载运行分析

1. 变压器的空载运行

变压器一次侧绕组接额定频率、额定电压的交流电源，二次侧绕组开路时的运行状态称为空载运行。

（1）变压器空载运行时的一般物理状况

图 3-8 为单相降压变压器空载运行时的示意图。一次侧绕组 A-X 端接入额定频率的额定电压 $\dot{U}_1$，二次侧绕组 a-x 端开路。一、二次侧绕组匝数分别为 N_1、N_2。

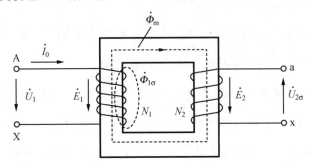

图 3-8　单相降压变压器空载运行时的示意图

当一次侧绕组接交流电压为 $\dot{U}_1$ 的电源时，一次侧绕组便有空载电流 $\dot{I}_0$ 流过。$\dot{I}_0$ 建立空载磁动势 $\dot{F}_0 = \dot{I}_0 N_1$，该磁动势产生空载磁通。为便于研究问题，把磁通等效地分成两部分，如图 3-8 所示：一部分磁通 $\dot{\Phi}_m$ 沿铁芯闭合，同时交链一、二次侧绕组，称为主磁通；另一部分磁通 $\dot{\Phi}_{1\sigma}$ 主要沿非铁磁材料（变压器油或空气）闭合，仅与一次侧绕组交链，称为一次侧绕组漏磁通。根据电磁感应定律可知，交变的磁通分别在一、二次侧绕组感应出电动势 $\dot{E}_1$ 和 $\dot{E}_2$；漏磁通在一次侧绕组感应出漏电动势 $\dot{E}_{1\sigma}$。

此外，空载电流还在原绕组电阻 r_1 上形成一很小的电阻压降 $\dot{I}_0 r_1$。

归纳起来，变压器空载时各物理量之间的关系可表示如下：

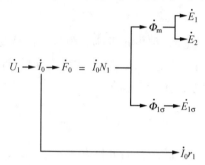

（2）正方向的选定

为了正确表示变压器中各物理量之间的数量及其相位关系，必须首先规定各物理量的正方向。表示电磁关系的基本方程式、相量图和等值电路，应以选定的正方向为基础。按惯例选定变压器各物理量的正方向如图 3-8 所示。说明如下：

① 选定电源电压 $\dot{U}_1$ 的正方向由 A 端指向 X 端，空载电流 $\dot{I}_0$ 的正方向与 $\dot{U}_1$ 一致，即 $\dot{I}_0$ 由 A 端流经一次侧绕组至 X 端。这相当于把一次侧绕组看作交流电源的负载，采用了所谓"负载"惯例，当 $\dot{U}_1$、$\dot{I}_0$ 同时为正或同时为负时，表示电源向变压器一次侧绕组输送电功率。

② 按 $\dot{I}_0$ 的正方向以及一次侧绕组的绕向，根据右手螺旋定则，确定主磁通 $\dot{\Phi}_m$ 及一次侧绕组漏磁通 $\dot{\Phi}_{1\sigma}$ 的正方向。

③ 按主磁通 $\dot{\Phi}_m$ 的正方向以及一、二次侧绕组的绕向，根据右手螺旋定则，确定一、二次侧绕组的 $\dot{E}_1$、$\dot{E}_2$ 以及一次侧绕组漏磁动势 $\dot{E}_{1\sigma}$ 的正方向。

④ 把二次侧绕组电动势 $\dot{E}_2$ 视为电源电动势，当 a-x 接上负载时，二次侧电流 $\dot{I}_2$ 的正方向与 $\dot{E}_2$ 的正方向一致，而负载端电压 $\dot{U}_2$ 的正方向与 $\dot{I}_2$ 的正方向一致。这相当于把二次侧绕组看作交流电源，采用了所谓"电源"惯例。当 $\dot{I}_2$、$\dot{U}_2$ 同时为正或同时为负时，表示变压器二次侧绕组向负载端输出电功率。

2. 空载时的各物理量

（1）空载电流

空载电流有两个作用：一个是建立空载时的磁场，即主磁通 $\dot{\Phi}_m$ 和一次侧绕组漏磁通 $\dot{\Phi}_{1\sigma}$；另一个是提供空载时变压器内部的有功功率损耗。所以相应地可以认为空载电流由无功分量和有功分量两部分组成,前者用来建立空载时的磁场,后者对应于有功功率损耗。在电力变压器中,空载电流的无功分量远大于有功分量,空载电流基本上属于无功性质的电流,通常称为励磁电流。

空载电流的数值不大,为额定电流的2%～10%,一般变压器的容量越大,空载电流的百分数越小,大型变压器还不到额定电流的1%。

空载电流的波形取决于铁芯主磁路的饱和程度。当变压器接额定电压时,铁芯通常处在近于饱和的情况下工作。若主磁通为正弦波曲线 $\Phi=f(t)$,利用非线性的铁芯磁化曲线 $\Phi=f(i_0)$,可用图解法求得空载电流曲线 $i_0=f(t)$,其波形为尖顶波,如图3-9所示。

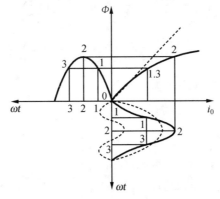

图3-9 磁路饱和时的空载电流波形

通常用一个等效正弦波空载电流代替实际的尖顶波空载电流,这时便可用相量 $\dot{I}_0$ 表示空载电流。将 $\dot{I}_0$ 分解为无功分量 $\dot{I}_\mu$ 和有功分量 $\dot{I}_{Fe}$。$\dot{I}_\mu$ 与主磁通 $\dot{\Phi}_m$ 相位相同,$\dot{I}_{Fe}$ 超前主磁通 $\dot{\Phi}_m$ 90°角,故 $\dot{I}_0$ 超前 $\dot{\Phi}_m$ 一个铁损耗角 α。

(2) 空载磁动势 $\dot{F}_0$

空载磁动势是指一次侧空载电流 $\dot{I}_0$ 建立的磁动势 $\dot{F}_0=\dot{I}_0 N_1$,它产生主磁通 $\dot{\Phi}_m$ 和只与一次侧绕组自身交链的漏磁通 $\dot{\Phi}_{1\sigma}$。变压器空载运行时,仅有这一空载磁动势产生磁场。而空载磁场实际分布情况是很复杂的,为了便于分析,才根据磁通所经磁路的不同,等效地分成主磁通和漏磁通两部分,以便把非线性问题和线性问题分别处理。

(3) 主磁通 $\dot{\Phi}_m$

由于铁芯材料具有良好的导磁性能,所以沿铁芯主磁路闭合,同时交链一、二次侧绕组的主磁通 $\dot{\Phi}_m$ 占总磁通的绝大部分。又因铁芯具有饱和特性,主磁通磁路的磁阻不是常数,致使主磁通与励磁的空载电流之间为非线性关系。主磁通 $\dot{\Phi}_m$ 同时交链一、二次侧绕组使其分别感应出电动势 $\dot{E}_1$ 和 $\dot{E}_2$。二次侧绕组电动势 $\dot{E}_2$ 相当于负载的电源,这说明通过主磁通的耦合作用,变压器实现了能量的传递。

(4) 一、二次侧绕组感应电动势 $\dot{E}_1$、$\dot{E}_2$

设主磁通按正弦规律变化，即

$$\Phi = \Phi_m \sin\omega t \tag{3-8}$$

在所规定正方向的前提下，感应电动势的瞬时值为

$$\begin{cases} e_1 = -N_1 \dfrac{d\Phi}{dt} = -N_1 \omega \Phi_m \cos\omega t = -N_1 \omega \Phi_m \sin(\omega t - 90°) \\ e_2 = -N_2 \dfrac{d\Phi}{dt} = -N_2 \omega \Phi_m \cos\omega t = -N_2 \omega \Phi_m \sin(\omega t - 90°) \end{cases} \tag{3-9}$$

感应电动势的有效值为

$$\begin{cases} E_1 = \dfrac{N_1 \omega \Phi_m}{\sqrt{2}} = \dfrac{2\pi}{\sqrt{2}} f N_1 \Phi_m = 4.44 f N_1 \Phi_m \\ E_2 = \dfrac{N_2 \omega \Phi_m}{\sqrt{2}} = \dfrac{2\pi}{\sqrt{2}} f N_2 \Phi_m = 4.44 f N_2 \Phi_m \end{cases} \tag{3-10}$$

$\dot{E}_1$、$\dot{E}_2$ 和 $\dot{\Phi}_m$ 的关系用复数形式表示为

$$\begin{cases} \dot{E}_1 = -j4.44 f N_1 \dot{\Phi}_m \\ \dot{E}_2 = -j4.44 f N_2 \dot{\Phi}_m \end{cases} \tag{3-11}$$

式中：ω——磁通及电动势的角频率，$\omega = 2\pi f$(rad/s)；

f——磁通及电动势的频率(Hz)；

N_1、N_2——一、二次侧绕组的匝数。

由以上分析可知，感应电动势有效值的大小，分别与主磁通的频率、绕组匝数及主磁通最大值成正比；电动势的频率与主磁通频率相同；电动势相位滞后主磁通90°。

(5) 一次侧绕组漏电动势 $\dot{E}_{1\sigma}$

前面已经分析过，由于空载电流 $\dot{I}_0$ 流过一次侧绕组，产生磁动势 F_0，继而产生漏磁通 $\dot{\Phi}_{1\sigma}$，漏磁通在一次侧绕组中又感应出漏电动势 $\dot{E}_{1\sigma}$ 的物理过程，考虑到漏磁场是通过非铁磁材料闭合的，磁路不存在磁饱和性质，是线性磁路，也就是说，在空载电流 $\dot{I}_0$ 与一次侧漏电动势 $\dot{E}_{1\sigma}$ 之间存在着线性关系，因此，常常把漏电动势看作电流在一个电抗上的电压降，即

$$\dot{E}_{1\sigma} = -j\dot{I}_0 x_1 \tag{3-12}$$

式(3-12)中比例系数 x_1 反映了一次侧漏磁场的存在和该磁场对一次侧电路的影响，故称之为一次侧电抗。

(6) 空载损耗 p_0

变压器空载时，输出功率为零，但要从电源中吸取一小部分有功功率，用来补偿变压器内部的功率损耗，这部分功率变为热能散发出去，称为空载损耗，用 p_0 表示。

空载损耗包括两部分，一部分是一次侧绕组空载铜损耗 $p_{Cu} = I_0^2 r_1$；另一部分是铁损耗 p_{Fe}，是交变磁通在铁芯中的磁滞损耗和涡流损耗。

空载电流 I_0 很小，r_1 也很小，空载铜损耗可忽略不计，故可认为空载损耗近似等于铁损耗，即

$$p_0 \approx p_{Fe} \tag{3-13}$$

空载损耗占额定容量的 0.2%～1%。这一数值并不大，但因为电力变压器在电力系统中用量很大，且常年接在电网上，所以减少空载损耗具有重要的经济意义。

3. 空载时的基本方程式、等效电路

基本方程式不但表明了有关物理量之间的数学关系，也表述了重要的物理概念。

（1）一次侧的电动势平衡方程式

按图 3-8 中各物理量的方向，根据基尔霍夫第二定律，可得

$$\begin{cases} \dot{U}_1 = -\dot{E}_1 - \dot{E}_{1\sigma} + \dot{I}_0 r_1 = -\dot{E}_1 + \dot{I}_0 r_1 + \mathrm{j}\dot{I}_0 x_1 = -\dot{E}_1 + \dot{I}_0 Z_1 \\ Z_1 = r_1 + \mathrm{j}x_1 \end{cases} \tag{3-14}$$

式中：Z_1——一次侧绕组漏阻抗，为常数。

式（3-14）表明，空载时外施电压 $\dot{U}_1$ 与一次侧绕组内的反电动势 $-\dot{E}_1$ 及漏阻抗压降 $\dot{I}_0 Z_1$ 相平衡。

前面已述及，空载电流 $\dot{I}_0$ 在一次侧绕组产生漏磁通 $\dot{\Phi}_{1\sigma}$ 感应出的漏电动势 $\dot{E}_{1\sigma}$ 在数值上可看作是空载电流在漏电抗 x_1 上的压降。同理，空载电流 $\dot{I}_0$ 产生主磁通 $\dot{\Phi}_m$ 在一次侧绕组感应出电动势 $\dot{E}_1$ 的作用，也可类似地用一个电路参数来处理，考虑到主磁通 $\dot{\Phi}_m$ 在铁芯中将引起铁损耗，故不能单纯地引入一个电抗，而应引入一个阻抗 Z_m。这样便把 $\dot{E}_1$ 和 $\dot{I}_0$ 联系起来，这时 $\dot{E}_1$ 的作用被看作 $\dot{I}_0$ 在 Z_m 上产生阻抗压降，即

$$\begin{cases} -\dot{E}_1 = \dot{I}_0 Z_m = \dot{I}_0 (r_m + \mathrm{j}x_m) \\ p_{Fe} = I_0^2 r_m \\ Z_m = r_m + \mathrm{j}x_m \end{cases} \tag{3-15}$$

式中：Z_m——励磁阻抗；

x_m——励磁电抗，对应于主磁通的电抗；

r_m——励磁电阻，模拟铁损耗的等值电阻。

（2）二次侧的电动势平衡方程式

由于二次侧绕组没有电流，则

$$\dot{U}_{20} = \dot{E}_2 \tag{3-16}$$

（3）主磁通与电源电压的关系

式（3-14）中，$\dot{I}_0 Z_1$ 很小，可忽略不计，这时 $\dot{U}_1 = -\dot{E}_1$，其有效值为

$$U_1 \approx E_1 = 4.44 f N_1 \Phi_m \tag{3-17}$$

式（3-17）说明，在忽略一次侧绕组漏阻抗压降的情况下，当 f、N_1 为常数时，铁芯中主磁通的最大值与电源电压成正比。当电源电压 U_1 一定时，Φ_m 亦为常数，这一概念对分析变压器运行十分重要。

（4）变比

常用变比来衡量变压器一、二次侧电压变换的幅度。变比的定义是一、二次侧相电动势之比,用 k 表示,即对于单相变压器,有

$$k = \frac{E_1}{E_2} = \frac{N_1}{N_2} \approx \frac{U_1}{U_{20}} = \frac{U_{1N}}{U_{2N}} \tag{3-18}$$

对于三相变压器,在已知额定电压(线电压)的情况下,求变比必须换算成额定相电压之比。例如,对于 $\mathrm{Yd}\left(\dfrac{Y}{\Delta}\right)$ 三相变压器,得

$$k = \frac{U_{1N}}{\sqrt{3}U_{2N}}$$

对于 $\mathrm{Dy}\left(\dfrac{\Delta}{Y}\right)$ 三相变压器,得

$$k = \frac{\sqrt{3}U_{1N}}{U_{2N}}$$

归纳上述分析,可得出变压器空载运行时的基本方程式为

$$\begin{cases} \dot{U}_1 = -\dot{E}_1 + \dot{I}_0 Z_1 \\ \dot{U}_{20} = \dot{E}_2 \\ -\dot{E}_1 = \dot{I}_0 Z_m \end{cases} \tag{3-19}$$

此外,还有两个重要表达式:

$$U_1 \approx E_1 = 4.44 f N_1 \Phi_m$$

$$k = \frac{E_1}{E_2} = \frac{N_1}{N_2} \approx \frac{U_1}{U_{20}} = \frac{U_{1N}}{U_{2N}}$$

当 f、N_1 确定时,主磁通 Φ_m 的大小基本上取决于外加电压 U_1 的大小,而与磁路的性质和尺寸无关。

(5) 空载时的等值电路

变压器空载运行时,电路问题和磁路问题相互联系在一起,如果能将这一内在联系用纯电路形式直接表示出来,将使分析变压器运行大为简化,等值电路就是从这一观点出发来建立的。

将式(3-15)代入式(3-14),得

$$\dot{U}_1 = \dot{I}_0 Z_m + \dot{I}_0 Z_1 = \dot{I}_0 (Z_m + Z_1) \tag{3-20}$$

由式(3-20)可得变压器空载时的等值电路,如图 3-10 所示。可见,变压器空载等值电路由两个阻抗串联而成,一个是一次绕组漏阻抗 $Z_1 = r_1 + \mathrm{j}x_1$,另一个是励磁阻抗 $Z_m = r_m + \mathrm{j}x_m$。等值电路接入电源电压 $\dot{U}_1$,流过空载电流 $\dot{I}_0$。上述各物理量均为相值。

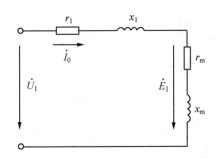

图 3-10 变压器空载时的等值电路

对等值电路分析如下：

① 一次侧绕组漏阻抗 $Z_1 = r_1 + jx_1$ 是常数。

② 励磁阻抗 $Z_m = r_m + jx_m$ 不是常数，r_m 和 x_m 随主磁路饱和程度的增加而减少。

通常电源电压 $\dot{U}_1$ 可认为不变，则主磁通基本不变，铁芯主磁路的饱和程度也近似不变，故可认为 Z_m 不变。

③ 由于空载运行时铁损耗 p_{Fe} 远大于铜损耗 p_{Cu}，所以 $r_m \gg r_1$；由于主磁通 Φ_m 远大于一次侧绕组漏磁通 $\Phi_{1\sigma}$，所以 $x_m \gg x_1$。故在近似分析中可忽略 r_1 和 x_1。

④ 从等值电路中看出，励磁电流 $\dot{I}_0$ 的大小主要取决于励磁电阻 Z_m。从变压器运行的角度看，希望励磁电流小些，因而要采用高导磁率的铁芯材料，以增大 Z_m，减小 I_0，从而提高变压器的效率和功率因数。

例 3-2 某变压器额定电压为 10 kV/0.4 kV，额定电流为 5 A/125 A，空载时高压绕组接 10 kV 电源，消耗功率为 405 W，电流为 0.4 A。试求变压器的变压比、空载时一次绕组的功率因数以及空载电流与额定电流的比值。

解 变压比为

$$k = \frac{U_1}{U_2} = \frac{10\ 000}{400} = 25$$

空载时一次侧阻抗的模

$$|Z_{10}| = \frac{U_1}{\sqrt{3}I_{10}} \approx \frac{10\ 000}{1.732 \times 0.4}\ \Omega \approx 14\ 434\ \Omega$$

空载时一次侧电阻

$$R_{10} = \frac{P_{10}}{I_{10}^2} = \frac{405}{0.4^2}\ \Omega \approx 2\ 531\ \Omega$$

空载时一次侧感抗

$$X_{10} = \sqrt{|Z_{10}|^2 - R_{10}^2} = \sqrt{14\ 434^2 - 2\ 531^2}\ \Omega \approx 14\ 210\ \Omega$$

空载时一次侧功率因数

$$\cos\varphi = \frac{R_{10}}{|Z_{10}|} = \frac{2\ 531}{14\ 434} \approx 0.18$$

空载电流与额定电流的比值

$$I_0\% = \frac{I_{10}}{I_{1N}} \times 100\% = \frac{0.4}{5} \times 100\% = 8\%$$

3.2.2 变压器的负载运行分析

变压器一次侧接额定频率、额定电压的交流电源,二次侧绕组接上负载,二次侧有电流流过的运行状态,称为变压器的负载运行。

1. 负载运行时的电磁关系

图 3-11 是单相变压器负载运行的示意图。一次侧绕组与空载运行时一样,仍接额定频率、额定电压的交流电源。二次侧绕组所接的负载阻抗用 Z_L 表示。各物理量正方向如前所述。

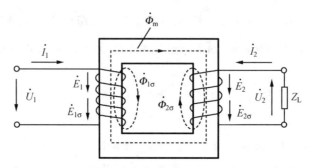

图 3-11 单相变压器负载运行的示意图

变压器空载运行时,二次侧电流为零,一次侧只流过较小的空载电流 $\dot{I}_0$,建立空载磁动势 $\dot{F}_0 = \dot{I}_0 N_1$,作用在铁芯磁路上产生主磁通 $\dot{\Phi}_m$。主磁通在一、二次侧绕组分别感应出电动势 $\dot{E}_1$ 和 $\dot{E}_2$。电源电压与一次侧绕组反电动势 $-\dot{E}_1$ 和一次侧绕组漏阻抗压降 $\dot{I}_0 Z_1$ 相平衡,此时变压器处于空载运行时的电磁平衡状态。

当二次侧绕组接上负载时,二次侧流过电流 $\dot{I}_2$,建立二次侧磁动势 $\dot{F}_2 = \dot{I}_2 N_2$,这个磁动势也作用在铁芯的主磁路上,但由于外加电源 $\dot{U}_1$ 电压不变,主磁通 $\dot{\Phi}_m$ 近似保持不变,所以当二次侧的磁动势 $\dot{F}_2$ 出现时,一次侧电流必须由 $\dot{I}_0$ 变为 $\dot{I}_1$,一次侧磁动势即从 $\dot{F}_0$ 变为 $\dot{F}_1 = \dot{I}_1 N_1$,其中所增加的那部分磁动势用来平衡二次侧的作用,以维持主磁通基本不变,此时变压器处于负载运行时新的电磁平衡状态。

负载运行时,$\dot{F}_1$ 和 $\dot{F}_2$ 除了共同建立铁芯中的主磁通 $\dot{\Phi}_m$ 以外,还分别产生交链各自绕组的漏磁通 $\dot{\Phi}_{1\sigma}$ 和 $\dot{\Phi}_{2\sigma}$,并分别在一、二次侧绕组感应出漏电动势 $\dot{E}_{1\sigma}$ 和 $\dot{E}_{2\sigma}$。同样可以用漏电抗压降的形式来表示一次侧漏电动势 $\dot{E}_{1\sigma} = -\mathrm{j}\dot{I}_1 x_1$,二次侧绕组漏电动势 $\dot{E}_{2\sigma} = -\mathrm{j}\dot{I}_2 x_2$,其中 x_2 称为二次侧绕组漏电抗,它对应于漏磁通 $\dot{\Phi}_{2\sigma}$,x_2 反映漏磁通 $\dot{\Phi}_{2\sigma}$ 的作用,也是常数。

此外,一、二次侧绕组电流 $\dot{I}_1$、$\dot{I}_2$ 还分别产生电阻压降 $\dot{I}_1 r_1$ 和 $\dot{I}_2 r_2$。

上述各物理量之间的关系可表示如下:

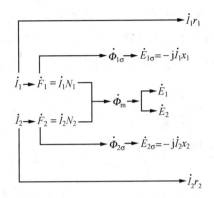

2. 负载运行基本方程式

(1) 磁动势平衡方程式

根据图 3-11 中 $\dot{I}_1$、$\dot{I}_2$ 正方向以及绕组的绕向，负载是作用在铁芯主磁路上的合成磁动势 $\dot{F}_1$、$\dot{F}_2$，这个合成磁动势建立了铁芯中主磁通 $\dot{\Phi}_m$。由于变压器从空载到负载，一次侧电压不变，铁芯中的主磁通 $\dot{\Phi}_m$ 基本不变，因而合成磁动势不变，基本上也就是空载时的磁动势 $\dot{F}_0$，即

$$\dot{F}_1 + \dot{F}_2 = \dot{F}_0$$

或

$$\dot{F}_1 = \dot{F}_0 + (-\dot{F}_2) \tag{3-21}$$

式(3-21)可改写成电流的形式，即

$$\dot{I}_1 N_1 = \dot{I}_0 N_1 + (-\dot{I}_2 N_2)$$

两边同时除以 N_1，得

$$\dot{I}_1 = \dot{I}_0 + \left(-\frac{\dot{I}_2}{k}\right) = \dot{I}_0 + \dot{I}_{1L} \tag{3-22}$$

$$\dot{I}_{1L} = -\frac{\dot{I}_2}{k}$$

式中：$\dot{I}_{1L}$——一次侧电流的负载分量。

式(3-21)称为磁动势平衡方程式，式(3-22)称为电流形式的磁动势平衡方程式，两式的实质是一致的。

磁动势平衡方程式表示一、二次侧电路的相互影响的依存关系，说明了能量的传递关系。

由式(3-21)可看出，一次侧磁动势 $\dot{F}_1$ 中包含了两个分量，一个是 $\dot{F}_0$，用来产生主磁通 $\dot{\Phi}_m$；另一个是 $\dot{F}_2'$，与二次侧磁动势大小相等，方向相反，用来平衡二次侧磁动势 $\dot{F}_2$ 的影响，从而维持主磁通基本不变。

(2) 电动势平衡方程

当一、二次侧绕组漏电动势分别用漏电抗压降表示后，按图 3-11 中各物理量的正方向，根据基尔霍夫第二定律，可列出变压器负载时的一、二次侧电动势方程式，即

$$\begin{cases} \dot{U}_1 = -\dot{E}_1 + \dot{I}_1 r_1 + j\dot{I}_1 x_1 = -\dot{E}_1 + \dot{I}_1 Z_1 \\ \dot{U}_2 = \dot{E}_2 - \dot{I}_2 r_2 - j\dot{I}_2 x_2 = \dot{E}_2 - \dot{I}_2 Z_2 \\ \dot{U}_2 = \dot{I}_2 Z_L \end{cases} \quad (3-23)$$

式中：Z_2——二次侧绕组漏阻抗；

Z_L——负载阻抗。

式(3-23)说明了一、二次侧能量传递的关系，当变压器空载运行即 $\dot{I}_2=0$ 时，二次侧没有功率输出和功率损耗，此时，$\dot{I}_1=\dot{I}_0$，说明变压器一次侧从电源吸取不大的空载电流，用于建立空载磁场和提供空载损耗所需的电能。变压器负载运行即 $\dot{I}_2\neq 0$ 时，二次侧电流 $\dot{I}_2$ 的增加必然引起一次侧电流 $\dot{I}_1$ 相应的增加，因为一次侧除了从电源吸取 $\dot{I}_0$ 以外，还要吸取一个负载分量电流 $\dot{I}_{1L}$。于是，二次侧对电能需求的变化，就由磁动势平衡关系反映到一次侧。变压器一、二次侧绕组之间，虽然没有电的联系，但借助于磁耦合，实现了一、二次侧绕组间的能量传递和电压、电流的变换。

3. 变压器的等效电路

（1）折算

变压器负载运行时的基本方程式可归纳为

$$\begin{cases} \dot{U}_1 = -\dot{E}_1 + \dot{I}_1 r_1 + j\dot{I}_1 x_1 = -\dot{E}_1 + \dot{I}_1 Z_1 \\ \dot{U}_2 = \dot{E}_2 - \dot{I}_2 r_2 - j\dot{I}_2 x_2 = \dot{E}_2 - \dot{I}_2 Z_2 \\ \dot{I}_1 = \dot{I}_0 + \left(-\dfrac{\dot{I}_2}{k}\right) \\ \dot{U}_2 = \dot{I}_2 Z_L \\ -\dot{E}_1 = \dot{I}_0 Z_m \\ \dot{E}_1 = k\dot{E}_2 \end{cases} \quad (3-24)$$

利用上述基本方程式已可以对变压器运行状态进行计算。但是由于一、二次侧匝数不等（$N_1 \neq N_2$），且是求解复数的联立方程组，实际运算相当复杂，特别是画相量图，更为困难。这里介绍一个常用的分析变压器的方法——折算法，用它可以得到较简单的等值电路和一些变压器的参数，便于对变压器进行分析计算。

在变压器中，一次侧和二次侧虽没有直接的电的联系，但是有磁路上的联系。从磁动势平衡关系中可以看出，二次侧绕组的负载电流是通过它的磁动势来影响一次侧绕组的电流的。如果把二次侧的匝数 N_2 和电流 I_2 换成另一匝数和电流值，只要仍保持二次侧磁动势 $\dot{F}_2$ 不变，那么，从一次侧来观察二次侧的作用是完全一样的，即仍用同样的功率送给二次侧

绕组。这种保持绕组磁动势不变而假想改变它的匝数与电流的方法是等效折算法的依据。

在变压器中,常常把实际的变压器一、二次侧绕组的匝数变换为同一匝数,这样变压器的变比等于1,可使变压器的计算大为简化。对于降压变压器,一般把二次侧绕组的匝数变换为一次侧绕组的匝数,在二次侧物理量的符号上加上"'"表示该值的折算值。但折算不能改变变压器的电磁关系,为此有以下的折算原则:折算前后二次侧的磁动势以及二次侧各部分的功率不能改变。只有这样,才能使折算前后变压器的主磁通、磁通的数量和空间分布保持不变,才能使一次侧仍从电源中吸取同样大小的功率并传递到二次侧,即折算对一次侧各物理量将毫无影响,因而不会改变变压器的电磁关系本质。

根据折算原则,可以导出二次侧各物理量的实际值与折算值的关系。

① 电动势的折算。

根据折算前后二次侧磁动势不变的原则,主磁通不变。由二次侧匝数与一次侧相等,可得

$$\dot{E}'_2 = \dot{E}_1 = k\dot{E}_2 \tag{3-25}$$

② 电流的折算。

同理,根据折算前后二次侧磁动势不变的原则,可得

$$\dot{I}'_2 N_1 = \dot{I}_2 N_2$$

即

$$\dot{I}'_2 = \dot{I}_2 \frac{N_2}{N_1} = \frac{\dot{I}_2}{k} \tag{3-26}$$

③ 阻抗的折算。

根据折算前后二次侧绕组漏电阻上所消耗的铜损耗不变的原则,可得

$$I'^2_2 r'_2 = I^2_2 r_2$$

即

$$r'_2 = k^2 r_2 \tag{3-27}$$

同理,根据折算前后二次侧绕组漏电抗上所消耗的无功功率不变的原则,可得

$$x'_2 = k^2 x_2 \tag{3-28}$$

④ 负载阻抗的折算。

根据折算前后视在功率不变的原则,可得

$$I'^2_2 Z'_L = I^2_2 Z_L$$

即

$$Z'_L = k^2 Z_L \tag{3-29}$$

⑤ 二次侧电压的折算。

$$U'_2 I'_2 = U_2 I_2$$

即

$$U'_2 = \frac{I_2}{I'_2} U_2 = kU_2 \tag{3-30}$$

综上所述,把低压侧各物理量折算到高压侧时,凡单位是伏特的物理量折算值等于原值乘以变比 k,凡单位为安培的物理量折算值等于原值除以变比 k,凡单位为欧姆的物理量折算值等于原值乘以变比 k^2。

(2) 折算后变压器的负载的基本方程式

通过折算,变压器负载时的基本方程式归纳为

$$\begin{cases} \dot{U}_1 = -\dot{E}_1 + \dot{I}_1 r_1 + j\dot{I}_1 x_1 = -\dot{E}_1 + \dot{I}_1 Z_1 \\ \dot{U}'_2 = \dot{E}'_2 - \dot{I}'_2 r'_2 - j\dot{I}'_2 x'_2 = \dot{E}'_2 - \dot{I}'_2 Z'_2 \\ \dot{I}_1 = \dot{I}_0 + (-\dot{I}'_2) \\ \dot{U}'_2 = \dot{I}'_2 Z'_L \\ -\dot{E}_1 = \dot{I}_0 (r_m + jx_m) = \dot{I}_0 Z_m \\ \dot{E}_1 = \dot{E}'_2 \end{cases} \quad (3\text{-}31)$$

(3) 负载时的等值电路

① T 形等值电路。

根据折算后的变压器一、二次侧电动势平衡方程式,可分别画出一、二次侧的等值电路如图 3-12(a)所示。由于 $\dot{E}_1 = \dot{E}'_2$,故包含这两个电动势的电路可以合并为一条支路,在这条支路中只有一个电动势 $\dot{E}_1 = \dot{E}'_2$,由 $\dot{I}_1 = \dot{I}_0 + (-\dot{I}'_2)$ 可见,流经这条支路的电流为 $\dot{I}_0$,如图 3-12(b)所示。根据 $-\dot{E}_1 = \dot{I}_0 (r_m + jx_m) = \dot{I}_0 Z_m$,将电动势用励磁阻抗上的压降表示,则得到 T 形等值电路,如图 3-12(c)所示。

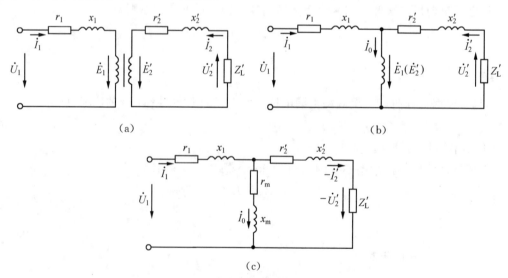

图 3-12 变压器负载运行时等值电路的变化过程

② 近似等值电路。

T 形等值电路含有串联和并联电路,复数运算较为麻烦。由于 $Z_m \gg Z_1$,可将 $Z_m = r_m +$

jx_m 支路移到电源端,得到近似等值电路,如图 3-13 所示。近似等值电路有一定的误差,但可使计算简化,在工程允许的情况下,可以使用近似等值电路。

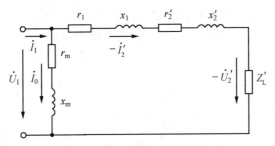

图 3-13 变压器的近似等值电路

③ 简化等值电路。

变压器的空载电流较小,在有些计算中可忽略不计,即在 T 形等值电路中去掉励磁阻抗 Z_m 的支路,从而得到更为简单的串联电路,称为简化等值电路,如图 3-14 所示。

图 3-14 中 $r_k = r_1 + r_2'$ 称为短路电阻,$x_k = x_1 + x_2'$ 称为短路电抗,$Z_k = r_k + jx_k = Z_1 + Z_2'$ 称为短路阻抗。可见,短路阻抗是一、二次侧阻抗之和。其数值很小,且为常数。

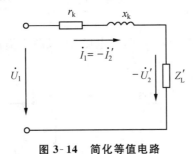

图 3-14 简化等值电路

3.2.3 变压器的参数测定

解基本方程式、画等值电路及作相量图必须要知道变压器的各阻抗参数。对已经制造出来的变压器,可通过空载试验和短路试验测定参数。

1. 空载试验

空载试验可测定励磁阻抗 Z_m、铁芯损耗 p_0、空载电流 I_0 及变比 k。图 3-15 是单相变压器空载试验原理接线图。

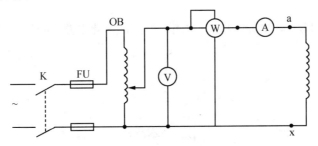

图 3-15 单相变压器空载试验原理接线图

为了试验安全和仪表选择方便,一般在低压侧施加电压而高压侧空载。由于励磁阻抗的数值与铁芯的饱和程度有关,即与外施加电压有关,且空载电流和空载损耗(铁损耗)随电压的大小而变化,即与铁芯饱和程度有关,取额定电压点计算励磁阻抗值。

试验仪表的读数为 U_{20}、U_{1N}、I_0、p_0,根据空载等值电路,并忽略很小的 r_1、Z_1,可计算出励磁阻抗和变比 k,即

$$\left. \begin{aligned} Z_m &= \frac{U_{1N}}{I_0} \\ r_m &= \frac{p_0}{I_0^2} \\ x_m &= \sqrt{|Z_m|^2 - r_m^2} \end{aligned} \right\} \quad (3\text{-}32)$$

$$k = \frac{U_{20}}{U_{1N}} \quad (3\text{-}33)$$

式中:k——高压侧对低压侧的变比。

由于空载试验是在低压侧施加电源电压,所以测得的励磁参数是低压侧的数值,如果需要得到高压侧的数值,还必须进行折算,即乘以 k^2。

2. 短路试验

通过短路试验可测定短路阻抗 Z_k、阻抗电压 U_k 及负载损耗 p_k。图 3-16 是单相变压器短路试验原理图。

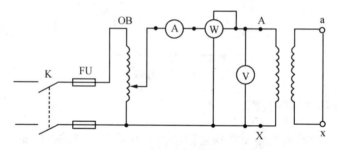

图 3-16 单相变压器短路试验原理图

为了便于测量,短路试验一般将变压器高压侧经调压器接入实验电源,而低压侧短路。由简化等值电路可知,当变压器二次侧短路时,仅有很小的短路电抗在限制短路电流。为了避免实验电流过大,外加实验电压必须降低,一般应降低到实验电流为额定电流或小于额定电流。

仪器的读数为 U_k、I_k 和 p_k,根据二次侧短路时的简化电路,可计算出短路阻抗为

$$\left. \begin{aligned} Z_k &= \frac{U_k}{I_k} \\ r_k &= \frac{p_k}{I_k^2} \\ x_k &= \sqrt{Z_k^2 - r_k^2} \end{aligned} \right\} \quad (3\text{-}34)$$

在 T 形等值电路中,一般可认为

$$r_1 = r'_2 = \frac{r_k}{2}, x_1 = x'_2 = \frac{x_k}{2}$$

由于电阻与温度有关,按国家标准,应将实验温度下的 r_k 和 x_k 换算到 75℃ 时的值,对于铜线变压器按式(3-35)换算:

$$\left. \begin{array}{l} r_{k(75℃)} = \dfrac{235+75}{235+\theta} r_k \\[6pt] Z_{k(75℃)} = \sqrt{r_{k(75℃)}^2 + x_k^2} \end{array} \right\} \quad (3\text{-}35)$$

式中:θ——实验时的环境温度。

对于铝线变压器,则式(3-35)中的常数 235 应改为 225。

阻抗电压 u_k 是指额定电流在 $Z_{k(75℃)}$ 上的阻抗电压降占额定电压的百分比,阻抗电压有电阻电压 u_{kr} 和电抗电压 u_{kx} 两个分量,按式(3-36)计算:

$$\left. \begin{array}{l} u_k = \dfrac{I_{1N} Z_{k(75℃)}}{U_{1N}} \times 100\% \\[6pt] u_{kr} = \dfrac{I_{1N} r_{k(75℃)}}{U_{1N}} \times 100\% \\[6pt] u_{kx} = \dfrac{I_{1N} x_k}{U_{1N}} \times 100\% \end{array} \right\} \quad (3\text{-}36)$$

阻抗电压是变压器的重要参数之一,从正常运行角度来看,希望它小一些,即变压器的漏抗压降小一些,使二次侧电压随负载变化的波动程度小一些;而从限制短路电流的角度来看,又希望它大一些。一般中小型变压器的阻抗电压为 4%~10.5%,大型变压器为 12.5%~17.5%。

变压器短路试验时,由于二次侧短路,因此无功率输出,输入功率全部变成功率损耗,称为短路损耗。短路损耗包括铜损耗和铁损耗,但做短路试验时,外加试验电压很低,主磁通大大低于正常运行的数值,铁损耗很小,可以忽略不计,因而认为短路损耗就是铜损耗。由于电阻与温度有关,一般将它折算为 75℃ 时的值。额定短路损耗是指额定电流在 $r_{k(75℃)}$ 上的铜损耗,即

$$p_{kN} = I_{1N}^2 r_{k(75℃)} \quad (3\text{-}37)$$

式(3-37)为一相的短路损耗,三相总的短路损耗须乘以 3。

3. 标幺值

在电力工程计算中,往往不用各个物理量的实际值,而是用实际值与同一单位的某一选定基值之比,即标幺值,有

$$标幺值 = \frac{实际值}{基值}$$

标幺值是个相对值,没有单位。某物理量的标幺值,用原来符号的右上角加"*"号表示。

(1) 基值的选择

在电机中,通常取各物理量的额定值为基值,具体选择如下:

① 线电流、线电压的基值，选额定线值；相电流、相电压的基值，选额定相值。

② 电阻、电抗、阻抗共用一个基值，这些都是一相的值，故阻抗基值 Z_j 应是额定相电压 U_{Nph} 与额定相电流 I_{Nph} 之比，即

$$Z_j = \frac{U_{Nph}}{I_{Nph}}$$

③ 有功功率、无功功率、视在功率共用一个基值，以额定视在功率为基值；单相功率的基值为 $U_{Nph}I_{Nph}$，三相功率的基值为 $3U_{Nph}I_{Nph}$（或 $\sqrt{3}U_N I_N$）。

④ 变压器有高、低压侧之分，各物理量的基值应选择各自侧的额定值。

(2) 标幺值的特点

① 额定电压、额定电流、额定视在功率的标幺值为1。

② 变压器各物理量在本侧取标幺值，或折算到另一侧取标幺值，两者相等，例如，

$$U_2^* = \frac{U_2}{U_{2N}} = \frac{kU_2}{kU_{2N}} = \frac{U_2'}{U_{2N}'} = U_2'^*$$

③ 某些物理量的标幺值具有相同的数值，例如，

$$Z_k^* = \frac{Z_k}{\dfrac{U_{1N}}{I_{1N}}} = \frac{I_{1N}Z_k}{U_{1N}} = u_k^*$$

同理可得

$$r_k^* = u_{kr}^*$$
$$x_k^* = u_{kx}^*$$

顺便指出，在变压器的分析与计算中，常用负载系数这一概念，用 β 表示，其定义为 $\beta = \dfrac{I_1}{I_{1N}} = \dfrac{I_2}{I_{2N}} = \dfrac{S_1}{S_N} = \dfrac{S_2}{S_N}$（设二次侧电压为额定值），可见 $\beta = I_1^* = I_2^* = S_1^* = S_2^*$。

④ 标幺值乘以100可得以同样基值表示的百分比，同理，百分值除以100也可得到相对应的标幺值。例如，$u_k = 5.5\%$ 时，其标幺值为 $u_k^* = 0.055$。

任务3.3 变压器的运行特性

【任务设置】

因变压器连接着电网与负载，对电网来说，变压器可视为一种负载；而对实际的负载来说，变压器则相当于一个电源。电源的效率随负载的变化而变化，可见效率是衡量变压器运行时经济性的指标，这就要求学会求取变压器的效率。

【任务目标】

① 熟悉变压器的运行特性。

② 掌握变压器效率的计算方法。

【相关知识】

变压器带负载运行时,主要的性能有两个,一是二次侧电压随负载变化的关系即外特性,二是效率随负载变化的关系即效率特性。外特性通常用电压变化率来表示二次侧电压的变化程度,反映变压器供电电压的质量指标;效率特性是反映变压器运行时的经济指标。现分别说明这两个运行性能指标。

3.3.1 变压器的外特性

当变压器二次侧接有负载时,二次侧便形成回路,有负载电流的形成。而当所加负载有所变化时,一、二次侧漏阻抗在变压器内部所形成的电压降也会有所变化,导致变压器二次侧输出电压随着负载电流的变化而变化。我们将电源电压和负载的功率因数设为常数时,二次侧端电压随负载电流变化的规律称为变压器的外特性,表示为 $U_2=f(I_2)$。

试验结果表明,变压器外特性曲线的形状与二次侧所接的负载性质有关。当接感性负载或阻性负载时,外特性曲线表现为下降的特征;而接容性负载时,表现为上翘的特征。如图 3-17 所示。

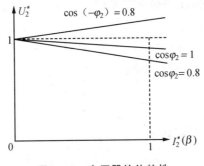

图 3-17 变压器的外特性

3.3.2 电压变化率

电压变化率是指当变压器的一次侧接在处于额定频率和额定电压的电源时,二次侧额定电压与二次侧带负载时的实际电压之差的标幺值,用 ΔU 表示,即

$$\Delta U = \frac{U_{2N}-U_2}{U_{2N}} = 1-U_2^* \qquad (3-38)$$

工程上采用的计算公式可由变压器简化相量图导出:

$$\Delta U = \beta(r_k^* \cos\varphi_2 + x_k^* \sin\varphi_2) \qquad (3-39)$$

若求额定负载时的电压变化率,可令式(3-39)中 $\beta=1$。

式(3-39)说明,变压器的电压变化率与变压器漏阻抗的标幺值的大小、负载的大小及负载的性质有关。当变压器带感性负载时,φ_2 为正值,ΔU 为正值,说明二次侧实际电压 U_2 低于二次侧额定电压 U_{2N};当变压器带容性负载时,φ_2 为负值,$\sin\varphi_2$ 为负值,当 $|x_k^* \sin\varphi_2| >$

$r_k^* \cos\varphi_2$ 时，ΔU 为负值，此时二次侧实际电压 U_2 高于二次侧额定电压 U_{2N}。

由上述分析可知，变压器在运行时，二次侧电压将随负载的变化而变化。如果变化范围太大，将给用户带来不利影响，因此必须进行电压调整，一般电压变化率为5%。电力变压器一般采用改变高压绕组匝数的办法来调节二次侧电压，称为分接头调压。高压绕组抽头分级，常有±5%和±2×2.5%两种。分接开关又分为两种：一种是要在断电状态下才能操作的分接开关，称为无励磁分接开关；另一种在变压器带电时也能操作，称为有载分接开关。相应的变压器也就分为无励磁调压变压器和有载调压变压器两种。有载调压变压器由于其在调压过程中无须断电，已得到了越来越广泛的应用。目前，随着大功率晶闸管技术的发展，人们正在研究一种新型的无触点静止式有载调压装置，这种装置将使有载调压更为可靠、安全。

3.3.3 变压器的效率

变压器在传递功率的过程中，内部产生了铜损和铁损，致使输出功率小于输入功率。输出有功功率 P_2 与输入有功功率 P_1 之比为变压器的效率，用 η 表示。效率一般取百分值，即

$$\eta = \frac{P_2}{P_1} \times 100\% = \frac{P_2}{P_2 + \sum p} \times 100\% \tag{3-40}$$

式中：$\sum p$——变压器内部铁损耗和铜损耗之和，即 $\sum p = p_{Cu} + p_{Fe}$。

式(3-40)可变换如下：

$$P_2 = U_2 I_2 \cos\varphi_2 \approx U_{2N} I_2 \cos\varphi_2 = \beta U_{2N} I_{2N} \cos\varphi_2 = \beta S_N \cos\varphi_2$$

铁损耗近似等于空载损耗，当电源和频率不变时，主磁通不变，铁损耗也基本不变，故称之为不变损耗，即

$$p_0 = p_{Fe}$$

铜损耗随负载的大小而变化，称为可变损耗，即

$$p_{Cu} = I_1^2 u_{k(75℃)} = \beta^2 I_{1N}^2 u_{k(75℃)} = \beta^2 p_{kN}$$

将上述关系式代入式(3-40)可得

$$\eta = \frac{\beta S_N \cos\varphi_2}{\beta S_N \cos\varphi_2 + p_0 + \beta^2 p_{kN}} \times 100\% \tag{3-41}$$

当负载功率的因数 $\cos\varphi_2$ 一定时，效率与负载系数 β 有关。求变压器在获得最大效率时的负载系数 β，可将式(3-41)对 β 求导，并使之等于零，即

$$\frac{d\eta}{d\beta} = 0$$

或

$$\beta_0 = \sqrt{\frac{p_0}{p_{kN}}} \tag{3-42}$$

或

$$\beta_0^2 p_{kN} = p_0$$

可见，当铜损耗（可变损耗）等于铁损耗（不变损耗）时，变压器的效率最高。

考虑到电力变压器不是长期运行在额定负载状况下,所以 β 一般取 0.5~0.6,故 $\dfrac{p_0}{p_{kN}}$ 值应为 $\dfrac{1}{4} \sim \dfrac{1}{3}$。可见铁损耗比铜损耗小,对变压器来说更经济。

将式(3-42)代入式(3-40)得最大效率为

$$\eta_{\max} = \frac{\beta_0 S_N \cos\varphi_2}{\beta_0 S_N \cos\varphi_2 + 2p_0} \times 100\% \tag{3-43}$$

例 3-3 变压器的额定容量是 100 kV·A,额定电压是 6 000 V/230 V,满载下负载的等效电阻 $R_L = 0.25\ \Omega$,等效感抗 $X_L = 0.44\ \Omega$。试求负载的端电压及变压器的电压调整率。

解 额定电流为

$$I_{1N} = \frac{S_N}{\sqrt{3}U_{1N}} \approx \frac{100}{1.732 \times 6}\ \text{A} \approx 9.62\ \text{A}$$

$$I_{2N} = \frac{S_N}{\sqrt{3}U_{2N}} \approx \frac{100}{1.732 \times 0.23}\ \text{A} \approx 251\ \text{A}$$

负载阻抗为

$$Z_L = \sqrt{R_L^2 + X_L^2} = \sqrt{0.25^2 + 0.44^2}\ \Omega = \sqrt{0.256\ 1}\ \Omega \approx 0.5\ \Omega$$

负载端电压

$$U = \sqrt{3}I_{2N}Z_L \approx 1.732 \times 251 \times 0.5\ \text{V} \approx 217.4\ \text{V}$$

电压调整率

$$\Delta U\% = \frac{U_{2N} - U}{U_{2N}} \times 100\% = \frac{230 - 217.4}{230} \times 100\% \approx 5.5\%$$

任务 3.4　三相变压器

三相电能的传输可采用两种形式的变压器,一种是由三个独立单相变压器组成的变压器组,称为三相组式变压器,或称三相变压器组;另一种是铁芯为三相共有的三相变压器。三相变压器也有芯式和壳式两种,我国电力变压器大部分是采用芯式铁芯。以下把三相变压器组与三相芯式变压器统称为三相变压器。在对称负载时,三相变压器的一次、二次绕组便是三相对称电路,各相电压和电流的大小相等,彼此相差 120°电角度,各相参数相等。对三相变压器的研究和对称三相电路一样,仅须分析一相即可,即求出一相的电压、电流以后,就可根据对称的关系直接得出其余两相的电压和电流。因此,单相变压器的基本方程式、等效电路、相量图及即将探讨的运行特性完全适用于三相变压器。下面仅就三相变压器的特有问题——三相变压器的电路系统、磁路系统以及两者对磁通量、电动势和电流波形的影响加以讨论。

【任务设置】

目前电力系统均采用三相变压器来供电并传输,其应用更为广泛,因而需要对三相变压器的磁路系统——结构进行了解。三相变压器的电路系统主要表现为绕组的连接关系:三相变压器绕组的极性反映变压器一次绕组、二次绕组中感应电动势间的相位关系。变压器使用不同的接法时,一次绕组和二次绕组对应的线电压之间可以形成不同的相位。所以我们必须学会判断三相变压器的极性和连接组别的方法。

【任务目标】

① 了解三相变压器的磁路系统——结构。
② 掌握判断三相变压器的极性和连接组别的方法。

【相关知识】

3.4.1 三相变压器的磁路系统

1. 三相变压器的磁路系统

三相变压器的磁路系统按铁芯结构形式的不同分为两种,一种是组式变压器磁路,另一种是芯式变压器磁路。

组式变压器磁路由三台单相变压器铁芯组合而成,其特点是每相磁路独立,互不关联,如图3-18所示。

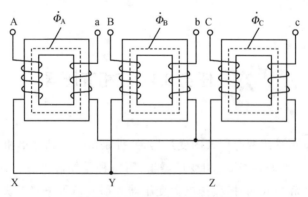

图 3-18　三相组式变压器磁路

三相芯式变压器磁路是由三个单相铁芯演变而成的。把三个单相铁芯合并成图3-19(a)所示的结构,通过中间铁芯柱的是三相磁通之和。由于三相磁通对称,其相量和为零,因此可省去中间铁芯柱,形成图3-19(b)所示的形状,再将三个铁芯柱安排在同一平面上,如图3-19(c)所示,这就是三相芯式变压器磁路。

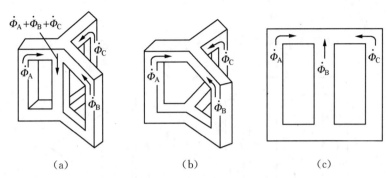

图 3-19 三相芯式变压器磁路的演变过程

三相芯式变压器的磁路特点是各相磁路彼此关联,每相磁通都要通过另外两相闭合。

目前用得较多的是三相芯式变压器,因它具有消耗材料少、效率高、占地面积小、维护简单等优点。

2. 三相变压器的电路系统

三相变压器的一、二次侧三相绕组主要有星形和三角形两种接法。三相绕组的接法及端头标记见表 3-1。

表 3-1 三相电力变压器的绕组连接及端头标记

绕组名称	端头标记		连接法符号		星形连接有中性线时
	首端	尾端	星形连接	三角形连接	
高压绕组	ABC	XYZ	Y	D	YN
低压绕组	abc	xyz	y	d	yn

(1) 星形连接

以高压绕组星形连接(Y 连接)为例,其接线及电动势相量图如图 3-20 所示。在图 3-20(a)所规定的正方向下,有 $\dot{E}_{AB}=\dot{E}_A-\dot{E}_B$,$\dot{E}_{BC}=\dot{E}_B-\dot{E}_C$,$\dot{E}_{CA}=\dot{E}_C-\dot{E}_A$。

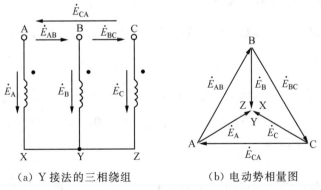

(a) Y 接法的三相绕组   (b) 电动势相量图

图 3-20 Y 接法的三相绕组及电动势相量图

(2) 三角形连接

三角形连接有两种方法,一种是右向三角形连接,另一种是左向三角形连接。

以低压绕组右向三角形连接(d 连接)为例,其接线及电动势相量图如图 3-21 所示。在

图 3-21(a)所规定的正方向下,有

$$\dot{E}_{ab}=-\dot{E}_b, \dot{E}_{bc}=-\dot{E}_c, \dot{E}_{ca}=-\dot{E}_a$$

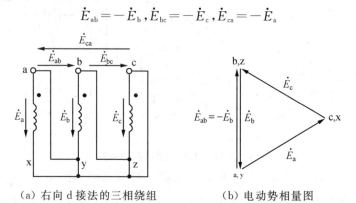

(a) 右向 d 接法的三相绕组　　　　(b) 电动势相量图

图 3-21　右向 d 接法的三相绕组及电动势相量图

以低压绕组左向三角形连接(d 连接)为例,其接线及电动势相量图如图 3-22 所示。在图 3-22(a)所规定的正方向下,有 $\dot{E}_{ab}=\dot{E}_a, \dot{E}_{bc}=\dot{E}_b, \dot{E}_{ac}=\dot{E}_c$。

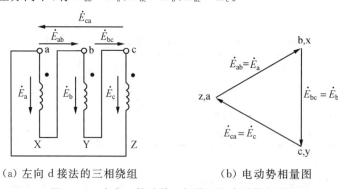

(a) 左向 d 接法的三相绕组　　　　(b) 电动势相量图

图 3-22　左向 d 接法的三相绕组及电动势相量图

3.4.2　单相变压器的连接组别

连接组别指的是变压器电路系统的连接方式。对单相变压器来说,其连接组别指的就是其极性。

1. 首末端

绕组首末端的标注是用字母的下标来区分的,常用下标"1"表示首端,而用"2"表示末端。并且用大写字母表示变压器的一次侧,用小写字母表示变压器的二次侧,如 U_1 表示一次侧首端,u_2 表示二次侧末端。

2. 同名端

同名端也称同极性端,指的是电磁感应过程中感应电动势极性相同的端子。其常用的标注方法是:在相应端子位置标"·"或"*"。同名端的位置与线圈的绕向有关,即当缠绕在同一根铁芯柱上的高、低压绕组的绕向相同时,同名端的位置出现在两绕组的相同侧;否则,出现在两绕组的相反侧,如图 3-23 所示。

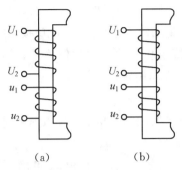

图 3-23 同名端的位置

3. 单相变压器的极性

因感应电动势的参考方向规定为从末端指向首端,所以高、低压侧电动势的相位关系就会出现如图 3-24 所示的几种情况。

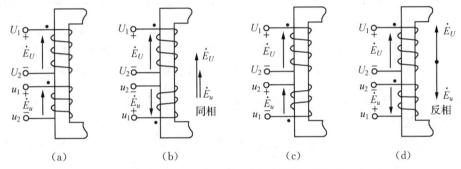

图 3-24 单相变压器两侧电动势相位关系

当绕组的绕向相同、首末端标注相同[图 3-24(a)]或绕向相反、首末端标注相反[图 3-24(b)]时,高、低压侧电动势的相位关系相同:都是从非同名端指向同名端;当绕组的绕向相反、首末端标注相同[图 3-24(c)]或绕向相同、首末端标注相反[图 3-24(d)]时,高、低压侧电动势的相位关系正好相反:从同名端指向非同名端或从非同名端指向同名端。

如果用时钟序数法来描述两者的相位关系,用一次侧的电动势相量作为时钟的分针指向钟表的"12 点"处,用二次侧的电动势相量作为时钟的时针,所指数字即表示其连接组别号。单相变压器表示为"I",则图 3-24 中前两种的连接组别号可表示为"I,i0";后两种的连接组别号可表示为"I,i6"。这两种连接组别号分别表示高、低压侧电动势之间是同相和反相的相位关系。在我国国标中,将连接组别号为"I,i0"的单相变压器作为标准连接组。

3.4.3 三相变压器的连接组别

(1) 三相变压器的连接组标号的确定

三相变压器的连接组标号不仅与绕组的同名端及首末端的标记有关,还与三相绕组的连接方式有关。三相绕组的连接图按传统的标记方式,高压绕组位于上面,低压绕组位于下面。根据连接图,用相量图法判断连接组的标号一般可分为 4 个步骤。

① 标出高、低压侧绕组相电动势的假定正方向。

② 作出高压侧的电动势相量图,将相量图的 A 点放在钟面的"12"处,相量图按逆时针方向旋转,相序为 A—B—C(相量图的三个顶点 A、B、C 按顺时针方向排列)。

③ 判断同一相高、低压侧绕组相电动势的相位关系(同相位或反相位),作出低压侧的电动势相量图,相量图按逆时针方向旋转,相序为 a—b—c(相量图的三个顶点 a、b、c 按顺时针方向排列)。

④ 确定连接组的标号。观察低压侧的相量图 a 点所处钟面的序数(就是几点钟),即为该连接组的标号。

根据连接组的标号以及一个钟点数对应 30°角,即可确定高、低压侧对应线电动势(或线电压)之间的相位移。

(2) Yy0 连接组

在图 3-25(a)所示的三相变压器的连接中,高、低压侧绕组都是星形连接,且同名端同时作为首端,同一铁芯柱为同一相。画出高压侧绕组的电动势相量图,将相量图的 A 点放在钟面的"12"处;根据 $\dot{E}_a$ 与 $\dot{E}_A$、$\dot{E}_b$ 与 $\dot{E}_B$、$\dot{E}_c$ 与 $\dot{E}_C$ 同相位,通过画平行线作出低压侧的电动势相量图,由于相量图的 a 点处在钟面的"0"(即"12"),所以该连接组的标号是"0",即为 Yy0 连接组。另外画出对应三角形 a 点处的对称轴位置而指向外的相量,可见它指向"0",得到相同的结论。这表明对于 Yy0 连接组,线电动势 $\dot{E}_{ab}$ 与 $\dot{E}_{AB}$ 同相位。

(3) Yd11 连接组

在图 3-25(b)中,高压侧绕组为星形连接,低压侧绕组为三角形连接,且同名端同时作为首端,同一铁芯柱为同一相。由于 $\dot{E}_a$ 与 $\dot{E}_A$ 同相位,所以在低压侧的相量图中,$\dot{E}_a$ 与 $\dot{E}_A$ 平行且方向一致,因是三角形连接,即有 $\dot{E}_{ca}=-\dot{E}_a$,同时注意封闭三角形的其余相量关系也要画正确。在图 3-25(b)中可见,低压侧相量图的 a 点处在钟面的"11",所以是 Yd11 连接组。另外画出对应三角形 a 点处的对称轴位置而指向外的相量,可见它指向"11",得到相同的结论。这表明对于 Yd11 连接组,$\dot{E}_{ab}$ 滞后 $\dot{E}_{AB}$ 30°×11=330°。

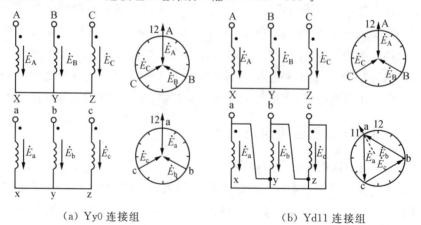

(a) Yy0 连接组　　　　　(b) Yd11 连接组

图 3-25　三相变压器的连接

当高压侧绕组采用三角形连接,低压侧绕组为星形连接,且同名端同时作为首端,同一铁芯柱为同一相时,可得 Dy1 连接组。当高、低压侧绕组均采用三角形连接,且同名端同时作为首端,同一铁芯柱为同一相时,可得 Dd0 连接组。

记住以上四种连接组的标号、绕组连接和首末端标记,则可通过以下规律确定其他连接组的标号或由连接组的标号确定绕组连接和首末端标记。在高压侧绕组的连接和标记不变,而只改变低压侧绕组的连接或标记的情况下,其规律归纳起来有以下三点。

① 对调低压侧绕组首末端的标记,即高、低压侧绕组的首端由同名端改为异名端,其连接组的标号加 6 个钟点数。

② 低压侧绕组的首末端标记顺着相序移一相(a—b—c→c—a—b),则连接组标号加 4 个钟点数。

③ 高、低压侧的绕组连接方式相同(Yy 和 Dd)时,其连接组的标号为偶数;高、低压侧的绕组连接方式不相同(Yd 和 Dy)时,其连接组的标号为奇数。

3.4.4 三相变压器的并联运行

在电力系统中,常采用多台变压器并联运行的方式。所谓并联运行,就是将两台或两台以上的变压器的一次、二次侧绕组分别并联到公共母线上,同时对负载供电。图 3-26 为两台变压器并联运行时的接线图。

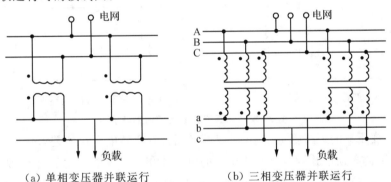

(a) 单相变压器并联运行　　(b) 三相变压器并联运行

图 3-26　两台变压器并联运行时的接线图

变压器并联运行有很多优点,主要有:

① 提高供电的可靠性。并联运行的某台变压器发生故障或需要检修时,可以将它从电网上切除,而电网仍能继续供电。

② 提高运行的经济性。当负载有较大的变化时,可以调整并联运行的变压器台数,以提高运行的效率。

③ 可以减小总的备用容量,并可随着用电量的增加而分批增加新的变压器。当然,并联运行的台数过多也是不经济的,因为一台大容量的变压器,其造价要比总容量相同的几台小变压器的低,而且占地面积小。

变压器并联运行的理想情况是:

① 空载时并联运行的各台变压器之间没有环流。

② 负载运行时,各台变压器所分担的负载电流按其容量的大小成比例分配,使各台变压器能同时达到满载状态,使并联运行的各台变压器的容量得到充分利用。

③ 负载运行时,各台变压器二次侧电流同相位,这样当总的负载电流一定时,各台变压器所分担的电流最小;如果各台变压器的二次侧电流一定,则承担的负载电流最大。

为了达到上述理想的并联运行要求,需要满足下列 3 个条件:

① 并联运行的各台变压器的额定电压应相等,即各台变压器的电压比应相等。

② 并联运行的各台变压器的连接组标号必须相同。

③ 并联运行的各台变压器的短路阻抗(或阻抗电压)的相对值要相等。

下面分别说明满足以上条件的必要性。

1. 电压比不等时的并联运行

以两台变压器的并联运行为例,假设并联运行的其他条件都具备,只是电压比不等,且 $k_I > k_{II}$。由于并联运行的两台变压器的一次侧接在同一电源电压 U_1 下,而 $k_I > k_{II}$,则使得两台变压器的二次侧空载电压不相等,故二次侧绕组之间在并联前存在空载电压差 $\Delta U_{20} = U_{20II} - U_{20I}$,如图 3-27 所示,因此当一次侧绕组并联后,在两个绕组中就会产生空载环流 I_c。

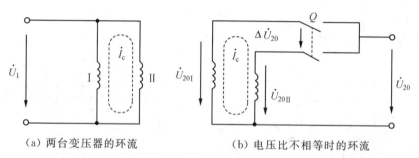

(a) 两台变压器的环流　　　　(b) 电压比不相等时的环流

图 3-27　变压器并联运行时的环流

一般电力变压器的短路阻抗很小,所以即使两台变压器电压比的差值很小,也会产生较大的环流 I_c,因此必须使并联运行的变压器的电压比相等。若电压比不相等,为了保证变压器并联运行时空载环流不超过额定电流的 5%,通常规定并联运行的变压器电压比的差值对几何平均值之比,即 $\Delta k = \left(\dfrac{|k_I - k_{II}|}{\sqrt{k_I k_{II}}} \right) \times 100\%$ 不应大于 0.5%。

2. 连接组标号不同时的并联运行

如果并联运行的两台变压器的电压比和短路阻抗相对值均相等,但是连接组的标号不同,后果将十分严重。因为连接组标号不同时,两台变压器二次侧线电压的相位就不同,至少相差 30°,因此会产生很大的空载电压差 ΔU_{20}。如以连接组为 Yy0 和 Yd11 的两台变压器为例,并联时二次侧线电压的相位差为 30°,如图 3-28 所示,则空载电压差为

$$\Delta U_{20} = 2U_{2N} \sin \frac{30°}{2} \approx 0.518 U_{2N}$$

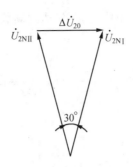

图 3-28 连接组标号不同时的电压差

由于电力变压器的短路阻抗很小,这样大的电压差将在两台并联运行的变压器的二次侧绕组中产生很大的空载环流,同时一次侧也感应到很大的环流,会将变压器的绕组烧毁,所以变压器的连接组标号不同时绝对不允许并联运行。

3. 短路阻抗(或阻抗电压)相对值不等时的并联运行

如果并联运行的两台变压器,其电压比相同,连接组标号相同,则在图 3-27 中就不会有空载环流产生。但若两台变压器的阻抗电压的相对值不等,则在额定负载时,第一台变压器的绕组压降大于第二台变压器的绕组压降,即短路阻抗相对值较大的第一台变压器外特性较软,如图 3-29 所示。

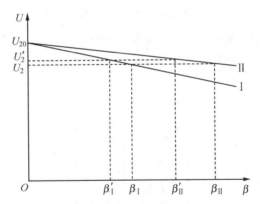

图 3-29 阻抗电压的相对值不对等时的并联运行

但是,并联运行的两台变压器二次侧接在同一母线上,具有相同的 U_2 值,因而使变压器的负载分配不均匀,将会出现第一台变压器的负载电流小于额定值时(如 $\beta_I=0.8$),第二台变压器已过载了($\beta_{II}=1.2$)。也就是说,两台变压器并联运行时的负载系数 β 与短路阻抗相对值成反比,短路阻抗相对值小的变压器,要负担较大的负载。如图 3-29 所示,为了使第二台变压器不过载,即保持满载运行($\beta'_{II}=1$),而第一台变压器的负载系数($\beta'_I=0.6$)更小了,结果总的负载容量小于总的设备容量,使变压器容量得不到充分地利用。因此理论上希望两台变压器的阻抗电压相等,则 $\beta_I=\beta_{II}$,并联运行的变压器容量就可得到充分利用。

实际应用中不同变压器的短路阻抗相对值总有差异,为了使并联运行的变压器的总容量尽可能得到充分利用,要求并联运行的各变压器的短路阻抗相对值之差不超过其平均值的 10%;大、小变压器容量之比不超过 3∶1,且希望容量大的变压器的短路阻抗相对值比容量小的变压器的短路阻抗相对值要小些,使其先达到满载,以充分利用大变压器的容量。

任务 3.5 其他常用变压器

【任务设置】

根据变压器的工作原理,实际生活中还可以制造出哪些仪器、仪表或工具?

【任务目标】

了解常用的根据变压器原理制造出来的工具的使用方法及注意事项。

【相关知识】

3.5.1 自耦变压器

普通双绕组变压器一、二次侧绕组之间仅有磁的耦合,并无电的联系。而自耦变压器仅有一个绕组,或者是一次侧绕组的一部分兼作二次侧绕组用,或者是二次侧绕组的一部分兼作一次侧绕组用,其结构示意图如图 3-30 所示。因此,自耦变压器一、二次侧绕组之间既有磁的耦合,又有电的联系。

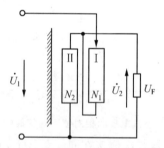

图 3-30 自耦变压器的结构示意图

1. 工作原理

自耦变压器可以设想为从双绕组变压器演变而来。

设有一台双绕组单相变压器,其高压绕组的额定电压为 U_{1N},额定电流为 I_{1N},匝数为 N_1;低压绕组的额定电压为 U_{2N},额定电流为 I_{2N},匝数为 N_2,如图 3-31 所示。该台变压器作为降压变压器使用,即高压绕组为一次侧绕组,低压绕组为二次侧绕组。一、二次侧绕组因绕在同一铁芯柱上,被同一主磁通所交链,所以两个绕组每匝的感应电动势是相等的,即一次侧绕组每匝感应电动势为

$$\dot{E}_{1N} = \frac{\dot{E}_1}{N_1} = -j4.44f\Phi_m$$

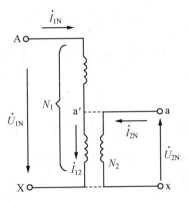

图 3-31 公共部分合并的双绕组单相变压器

二次侧绕组每匝感应电动势为

$$\dot{E}_{2N} = \frac{\dot{E}_2}{N_2} = -j4.44f\Phi_m$$

显然 $\dot{E}_{1N} = \dot{E}_{2N}$。

图 3-31 中表示出一次侧绕组 a'X 部分的匝数与二次侧绕组 ax 的匝数是相等的,由于一次侧、二次侧绕组每匝感应电动势相等,则 a'X 部分中的感应电动势 $\dot{E}_{a'X}$ 和二次侧绕组感应电动势 $\dot{E}_2$(即 $\dot{E}_{a'X}$)必然相等。a'与 a、X 与 x 为两对等电位点。任何电路中的等电位点相连,不会影响电路中的物理情况,故可将 a'与 a、X 与 x 直接相连。进一步可将二次侧绕组与一次侧绕组相并联的部分合并,省去二次侧绕组,这样就形成了一台自耦变压器,如图 3-32 所示。实质上自耦变压器就是利用一个绕组抽头的办法来改变电压的一种变压器。

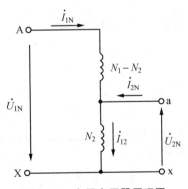

图 3-32 自耦变压器原理图

图 3-32 表示降压自耦变压器的接线图,图中所示电流和电压相量的正方向同普通双绕组变压器一样,其绕组中既作一次侧绕组又作二次侧绕组的这一部分称为公共部分;仅作一次侧绕组的部分称为串联部分。自耦变压器的额定电压为 U_{1N}、U_{2N},额定电流为 I_{1N}、I_{2N},则额定容量为

$$S_N = U_{1N}I_{1N} = U_{2N}I_{2N} \tag{3-44}$$

若忽略漏阻抗压降,电压比与普通双绕组变压器一样,即

$$k=\frac{N_1}{N_2}=\frac{E_1}{E_2}\approx\frac{U_{1N}}{U_{2N}} \tag{3-45}$$

在图3-32中,公共部分的电流的相量表示为$\dot{I}_{12}$,根据基尔霍夫电压第一定律可得出它与一次侧、二次侧电流相量的关系:

$$\dot{I}_{12}=\dot{I}_{1N}+\dot{I}_{2N} \tag{3-46}$$

若忽略磁电流,绕组两部分所产生的磁动势互相平衡,即

$$\dot{I}_{1N}N_{Aa'}+\dot{I}_{12}N_2=\dot{I}_{1N}(N_1-N_2)+\dot{I}_{12}N_2=0 \tag{3-47}$$

将式(3-46)代入式(3-47)可得

$$\dot{I}_{1N}N_1+\dot{I}_{2N}N_2=0 \tag{3-48}$$

所以

$$\dot{I}_{1N}=-\frac{\dot{I}_{2N}}{k} \tag{3-49}$$

由此可知,在不计励磁电流的情况下,自耦变压器的磁动势平衡关系与普通双绕组变压器相同。将式(3-49)代入式(3-46),得

$$\dot{I}_{12}=\left(1-\frac{1}{k}\right)\dot{I}_{2N} \tag{3-50}$$

式中:k——电压比(大于1)。

式(3-50)说明了自耦变压器绕组的公共部分电流比额定负载电流I_{2N}要小。

2. 容量关系

从普通双绕组变压器的相量关系可知,不计励磁电流$\dot{I}_m$时,一次侧电流$\dot{I}_1$与二次侧电流$\dot{I}_2$之间的相位差是180°电角度,于是公共部分电流I_{12}与一次侧、二次侧电流有效值I_{1N}、I_{2N}的关系应为

$$I_{12}=I_{2N}-I_{1N} \tag{3-51}$$

自耦变压器的通过容量(即额定容量)是

$$U_{1N}I_{1N}=U_{2N}I_{2N}=U_{2N}(I_{1N}+I_{12})=U_{2N}I_{12}+U_{2N}I_{1N}$$

上式说明,自耦变压器的通过容量由两部分组成:一部分是通过绕组公共部分的电磁感应作用,由一次侧传递到二次侧的电磁容量$U_{2N}I_{12}$;另一部分是通过绕组串联部分的电流I_{1N}直接传导到负载的传导容量$U_{2N}I_{1N}$。传导容量的传递不需要增加绕组容量,也就是说,自耦变压器负载可以直接向电源吸取部分功率,这种情况是普通双绕组变压器所没有的,是自耦变压器的特点。

3. 自耦变压器的优缺点

变压器所用的硅钢片、铜线和绕组中的额定感应电动势E_N与通过的额定电流I_N有关,也就是和绕组容量$E_N I_N$有关。当自耦变压器与普通双绕组变压器的额定容量相同时,自耦变压器可把电源输出功率的一部分直接传导到二次侧,使其绕组公共部分的电流小于额定电流;又因其串联部分的感应电动势小于额定感应电动势,故自耦变压器绕组容量比普通双

绕组变压器的绕组容量要小,所用有效材料(硅钢片、导线)也较少,制造成本较低,重量轻,外形体积也小,效率较高。但是由式(3-50)可知,当自耦变压器的电压比 k 较大时,I_{12} 比 I_{2N} 小得不多,经济效果就不显著了,通常选择电压比 $k<3$。由于自耦变压器的一、二次侧之间有电的联系,直接传递了一部分功率,所以内部绝缘和过电压保护都需要加强。

自耦变压器除在电力系统中用作电力变压器外,在实验室中主要作为调压设备和异步电动机自耦减压启动器的重要部件。

3.5.2 电压互感器

测量高压线路的电压时,如果用电压表直接测量,不仅对工作人员很不安全,而且仪表的绝缘也需要大大加强,这样会给仪表制造带来困难,故先需用有一定电压比的电压互感器将高电压转换成低电压,然后在电压互感器二次侧连接电压表测量电压。电压表的读数是按电压比放大的数值,很接近高电压的实际值,一般电压互感器的二次电压均为 100 V。如果电压表与电压互感器是配套的,则电压表指示的数值已按电压比放大,可直接读取。

图 3-33 所示为电压互感器使用时的接线图。一次侧接到被测线路,二次侧接入电压表或其他测量仪表的电压线圈。二次侧必须有一端接地,以保证安全,且防止因静电荷的累积而影响仪表读数。因为电压表和其他测量仪表的电压线圈阻抗很高,所以电压互感器在使用时,相当于一台二次侧处于空载状态的降压变压器。

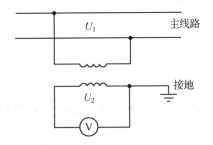

图 3-33 电压互感器接线图

使用互感器必须考虑误差问题。因为电压互感器内部总存在励磁阻抗和漏阻抗,以致相量 $\dot{U}_1$ 与 $-\dot{U}_2$ 的有效值之比只能近似于电压比,两者之间的相位差也不会等于零,这就造成了电压比误差和相位误差。前者导致电压测量误差,后者与前者一起会使功率等物理量产生测量误差。因此,为了减小误差,提高测量精度,电压互感器的铁芯须用高等级硅钢片制成,且使铁芯处于不饱和状态,以减小其空载电流。在设计和制造时,应尽量使绕组的漏阻抗减小。按电压比误差的相对值,电压互感器的精度分为 0.5、1.0 和 3.0 三级。

需要注意的是,电压互感器在使用时二次侧不能短路。

3.5.3 电流互感器

测量高压线路中的电流或测量大电流时,与测量高电压一样,也不宜将仪表直接接入电路,而是用一台有一定电压比的升压变压器,即电流互感器,先将高压线路隔开,或将大电流变小,再用电流表进行测量。和使用电压互感器一样,电流表读数按额定变流比放大,得出被测电流的实际值,或者电流表指示数值就是电流的实际值。电流互感器一次侧额定电流的范围可为 5~25 000 A,二次侧电流均为 5 A 或 1 A。

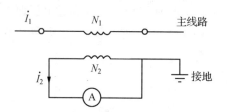

图 3-34　电流互感器接线图

电流互感器使用时的接线图如图 3-34 所示。和电压互感器一样的原因,电流互感器二次侧必须有一端接地。因电流互感器二次侧接入电流表或其他测量仪表的电流线圈,其阻抗很小,所以电流互感器使用时,相当于一台二次侧处于短路状态的升压变压器。

电流互感器存在变流比误差和相位误差。这些误差也是由电流互感器本身的励磁电流和漏阻抗以及仪表的阻抗等因素引起的,也应从设计和材料两方面去减小这些误差。接额定变流比误差,电流互感器分为 0.2、0.5、1.0、3.0、10.0 五级。

电流互感器在使用时应注意,二次侧绝对不能开路,要接入仪表、拆除仪表时必须先将二次侧短路。否则,它将处于空载状态,被测线路中的大电流全部变成电流互感器的空载电流,会使铁芯中的磁密大为提高,从而使二次绕组感应出非常高的电动势,可使绝缘被击穿,危及工作人员安全。

任务 3.6　变压器的维修与维护

【任务设置】

本任务通过对电力变压器的日常检查及故障分析,使学生全面认识电力变压器的运行,掌握电力变压器的巡检内容及方法。

【任务目标】

① 了解电力变压器在投入运行前和运行中的检查方法。
② 了解电力变压器的故障分析及处理方法。
③ 了解电力变压器的定期检查项目。

【相关知识】

电力变压器对电能的经济传输、分配和安全使用具有重要意义。为保证电力变压器能长期、安全、可靠地运行,必须十分重视变压器的检修及日常工作。

1. 电力变压器投入运行前的检查

无论是新出厂的变压器还是检修以后的变压器,在投入运行前都必须进行仔细检查。

(1) 检查型号和规格

检查电力变压器的型号和规格是否符合要求。

(2) 检查各种保护装置

检查熔断器的规格和型号是否符合要求;报警系统、继电保护系统是否完好,工作是否可靠;避雷装置是否完好;气体继电器是否完好,内部有无气体存在,如有气体存在应打开气阀盖,放掉气体。

(3) 检查监视装置

检查各检测仪表的规格是否符合要求,是否完好;油温指示器、油位显示器是否完好,油位是否在与环境温度相应的油位线上。

(4) 检查外观

检查箱体各个部分有无渗油现象;防爆膜是否完好;箱体是否可靠接地,各电压级的出线套管是否有裂缝、损伤,安装是否牢靠;导电排及电缆连接处是否牢固可靠。

(5) 检查消防设备

检查消防设备的数量和种类是否符合规格要求。

(6) 测量各电压级绕组对地的绝缘电阻

20~30 kV 的变压器其绝缘电阻值不低于 300 MΩ;3~6 kV 的变压器不低于 200 MΩ;0.4 kV 以下的变压器不低于 90 MΩ。

2. 电力变压器投入运行中的检查

一般变配电所有人值班时,应每班巡视检查一次电力变压器;变配电所无人值班时,可每周巡视检查一次电力变压器;对于采用强迫油循环的变压器,要求每小时巡视检查一次;室外柱上配电变压器应每月巡视检查一次;在变压器负载剧烈变化、天气恶劣、变压器运行异常、线路故障时,应增加特殊巡视,特巡周期不做具体规定。

(1) 日常巡视检查

① 检查温度。油浸式电力变压器运行中的允许温升应按上层油温来检查,用温度计测量,上层油温升的最高允许值为 55 K,为了防止变压器油劣化变质,上层油温升不宜长时间超过 45 K。对于采用强迫循环水冷和风冷的变压器,正常运行时,上层油温升不宜超过 35 K。

巡视时应注意温度计是否完好,由温度计查看变压器上层油温是否正常,是接近还是超过最高允许限额。当玻璃温度计与压力式温度计测量的结果间有显著差异时,应查明仪表是否不准或油温是否有异常。

② 检查油位。检查变压器储油柜上的油位是否正常,是否为假油位,有无渗油现象,充油的高压套管油位、油色是否正常,套管有无漏油现象。油位指示不正常时必须查明原因。必须注意油位表出入口处有无沉淀物堆积阻碍油路。

③ 注意变压器的声响,变压器的电磁声与以往相比有无异常。异常噪声发生的原因通常有:因电源频率波动大,造成外壳及散热器震动;铁芯夹紧不良,紧固部分发生松动;因铁芯或铁芯加紧螺杆、禁锢螺栓等结构上的缺陷,导致铁芯短路;绕组或引线对铁芯或外壳有放电现象;由于接地不良或某些金属部分未接地产生静电放电。

④ 检查是否漏油。漏油会使变压器油位降低,还会使外壳散热器等产生油污。应特别注意检查各阀门各部分的垫圈。

⑤ 检查引出导电排的螺栓接头有无过热现象。可查看示温蜡片及变色漆的变化情况。

⑥ 检查绝缘件出现套管、引出导电排的支持绝缘子等表面是否清洁,有无裂纹、破损及闪络放电痕迹。

⑦ 检查各阀门是否正常,通向气体继电器的阀门和散热器的阀门是否处于打开状态。

⑧ 检查防爆管有无破裂、损伤及喷油痕迹,防爆膜是否完好。

⑨ 检查冷却系统运转是否正常,风冷抽浸式电力变压器的风扇有无个别停转,风扇电动机有无过热现象,振动是否增大;强迫油循环水冷却的变压器油泵运转是否正常,油压和油流是否正常,冷却水压力是否低于油压力,冷却水进口温度是否过高,冷油器有无渗油或渗漏水的现象,阀门位置是否正确。对安装于室内的变压器,要查看周围通风是否良好,是否要开动排风扇等。

⑩ 检查吸湿器的吸附剂是否达到饱和状态。

⑪ 检查外壳接地是否完好。

⑫ 检查周围场地和设施。对于室外变压器,重点检查基础是否良好,有无基础下沉,变台杆的电杆是否牢固,木杆、杆根有无腐朽现象。对于室内变压器,重点检查门窗是否完好,百叶窗的铁丝纱是否完整,照明是否合适和完好,消防用具是否齐全。

(2) 特殊巡视检查

① 过负载的巡视,应监视负载电流、变压器上层油面温度、油位的变化;检查示温蜡片有无熔化现象;导电排螺栓连接处是否良好;冷却系统工作是否正常。应保证变压器油的冷却状况较好,使其温度不超过额定值。

② 大风天气巡视时,重点检查变压器的引线摆动情况,以及周围环境相同距离是否合乎规定,有无搭挂杂物,以免造成外力破坏事故。

③ 雷雨天气巡视时,重点检查变压器的瓷瓦绝缘有无闪络放电现象,检查避雷器是否完好无损,动作指示器是否工作正常。若高压、低压阀式避雷器放电破裂或短路接地,应及时停电并仔细检查避雷器及其引接线。

④ 大雾天气巡视时,检查高、低压侧各瓷套管有无闪络放电现象,尤其是高压侧各相瓷套管有无拉弧与裂纹。

⑤ 大雪天气巡视时,检查变压器上雪融化情况,以及引线和接头等部位,对有可能危及安全运行的结冰要及时处理。

⑥ 冰雹、冰冻及气候急剧变化的情况下进行巡视时,检查瓷套管有无因被砸而出现破损或裂纹;防爆膜、吸湿器和油位表等部件的玻璃壳是否完好;各侧母线上的电磁原件是否

完好无损、有无松动。

⑦ 地震后的巡视,检查变压器及各部构架基础是否出现沉陷、断裂、变形等情况;有无威胁安全运行的其他不良因素。

(3) 电力变压器的故障分析

① 了解故障发生的情况。

电力变压器发生故障的原因比较复杂,为了正确并快速地分析原因,在进行故障处理之前,应详细了解变压器发生故障时的情况。

a. 变压器的运行状况、种类及过载状况。

b. 变压器的温升及电压状况。

c. 事故发生前的气候与环境,如气温、湿度及有无雷雨等。

d. 查看变压器的运行记录、前次大修记录和质量评价等。

e. 了解继电器保护动作的性质,如短路保护、启动保护、气体继电器等动作。

② 故障原因的分析及处理。

容量在 560 kV·A 以上的变压器都配有保护装置。在故障发生时都有相应的保护装置动作,其中,能比较准确地反映变压器故障的是气体继电器,及时对气体继电器动作时产生的气体进行化验分析,能较准确地判定故障的性质,变压器产生气体的分析见表 3-2。

表 3-2 变压器产生气体

气体性质	故障状况	说明
灰黑色	绝缘油炭化	接触不良或变压器局部过热
黄色、难燃	木质制件烧毁	停电检查
灰白色,可能有臭味	纸质制件烧毁	立即停电检查
无色、不可燃气体为空气	—	排出绝缘油中的空气

(4) 电力变压器的定期检查

① 检查瓷管表面是否清洁,有无破损、裂纹及放电痕迹,螺栓有无损坏及其他异常情况,如发现上述缺陷,应尽快停电检修。

② 检查箱壳有无渗油和漏油现象,严重的要及时处理;检查散热管温度是否均匀。

③ 检查储油柜的油位高度是否正常,若发现油面过低,应加油;检查油色是否正常,必要时进行油样化验。

④ 检查油面温度计的温度和室温之差(温升)是否符合规定,对照负载情况,检查是否有因变压器内部故障而引起的过热。

⑤ 观察防爆管上的防爆膜是否完好,有无冒烟现象。

⑥ 观察导电排及电缆接头处有无发热和变色现象,如贴有示温蜡片,应检查蜡片是否熔化,如熔化,应停电检查,找出原因并修复。

⑦ 注意变压器有无异常声响,或响声是否比以前增大。

⑧ 注意箱体接地是否良好。

⑨ 检查变压器室内消防设备干燥剂是否吸潮变色,需要时进行烘干处理或更换。
⑩ 定期进行油样化验。

此外,进出变压器室时,应及时关门上锁,以防止小动物窜入而引起重大事故。

小 结

电力变压器是依据电磁感应定律进行交流电能传递的静止电器。它是利用一、二次侧匝数不等来实现变压的,但一、二次侧的频率是相同的,等于电源的频率。

变压器的内部磁通,根据分布和作用的不同,分为主磁通和漏磁通。主磁通与外施电压近似成正比($U_1 \approx E_1 = 4.44fN_1\Phi_m$),即电压决定磁通。

空载电流的大小为额定电流的2%~10%,其性质基本上是感性无功。单相变压器因磁路饱和影响用于建立正弦交变磁场的空载电流,其波形为尖顶波,在分析变压器电磁关系时用等效正弦表示。

励磁阻抗和短路阻抗是变压器的重要参数,励磁阻抗受铁芯饱和程度的影响,不是常数;短路阻抗的实质是一、二次侧绕组漏阻抗,是常数。励磁阻抗由空载试验测定,短路阻抗由短路试验测定。

变压器二次侧负载变化时,通过二次侧磁动势的作用,一次侧磁动势及电流必然相应地发生变化,反映这一变化关系的是磁动势平衡方程式。基本方程式、等值电路和相量图是分析变压器内部电磁关系的三种重要方法。

电压变化率反映了二次侧电压随负载变化的波动程度。效率反映了变压器运行时的经济性。

三相变压器的磁路系统分为两类:一是组式变压器磁路,二是芯式变压器磁路。前者的三相磁路彼此独立,三次谐波磁通在铁芯中有通路;后者的三相磁路彼此相关,三次谐波磁通在铁芯中无通路。

对于单相变压器,其高、低压绕组交链同一磁通并感应电动势时,当高压绕组的某一端头的电位为正(高电位),低压绕组必有一个端头的电位也为正(高电位),这两个具有正极性或另两个具有负极性的端头,称为同极性端或同名端。如果两绕组首端为同极性端,则两绕组相电动势同相位;如果两绕组首端为异极性端,则两绕组相电动势反相位。

三相变压器的连接组别,反映了高、低压三相绕组的连接法以及高、低压侧对应线电动势(线电压)之间的相位差。

空载时电动势波形受绕组连接法及铁芯结构形式两个因素的影响,高、低压绕组中只要有一个绕组接成三角形,就能改善相电动势的波形。

自耦变压器的特点在于一、二次侧绕组之间不但有磁的耦合,还有电的联系,因此在功率的传递过程中,有一部分功率是通过电的联系直接传递的,这使得自耦变压器与同容量的双绕组变压器相比,绕组容量小了,从而节省材料,降低损耗。

仪用互感器是测量用的变压器,使用时应注意将其二次侧接地;电流互感器二次侧决不允许开路,而电压互感器二次侧决不允许短路。

思考与练习题

3-1 简述变压器的基本工作原理,为何能改变电压?

3-2 变压器有哪些主要结构部件?各部分有何作用?

3-3 变压器能改变直流电压吗?如果接上直流电压会发生什么现象?为什么?

3-4 变压器带负载运行时,输出电压的变动与哪些因素有关?

3-5 判断变压器绕组同名端的原理和方法是什么?

3-6 何谓变压器的主磁通?何谓变压器的漏磁通?它们各有什么特点?各起什么作用?

3-7 变压器的铁芯为什么要用硅钢片叠成而不用整块钢制成?

3-8 什么是变压器绕组的星形接法?它有什么优缺点?

3-9 何谓折算?变压器参数折算时应该遵循什么原则?

3-10 变压器空载运行时,功率因数为什么很低?这时从电源吸收的有功功率和无功功率都消耗在什么地方?

3-11 变压器的电压变化率的大小与哪些因素有关?

3-12 变压器并联运行时没有环流的条件是什么?

3-13 电流互感器工作在什么状态?为什么严禁电流互感器二次侧开路?为什么二次侧和铁芯要接地?

3-14 使用电压互感器时应注意哪些事项?

3-15 一台 380 V/220 V 的单相变压器,如不慎将 380 V 加在低压绕组上,会产生什么现象?

3-16 自耦变压器有什么特点?应用时要注意什么问题?

3-17 一台三相电力变压器,额定容量 $S_N = 2\,000$ kV·A,额定电压 $U_{1N}/U_{2N} = 6$ kV/0.4 kV,Yd 接法,试求一、二次侧绕组额定电流 I_{1N} 与 I_{2N} 各为多少。

3-18 试计算下列各台变压器的变比 k。

(1) $U_{1N}/U_{2N} = 3\,300$ V/220 V 的单相变压器;

(2) $U_{1N}/U_{2N} = 6$ kV/0.4 kV 的 Yy 接法的三相变压器;

(3) $U_{1N}/U_{2N} = 10$ kV/0.4 kV 的 Yd 接法的三相变压器。

3-19 一台单相变压器,$S_N = 5\,000$ kV·A,$U_{1N}/U_{2N} = 10$ kV/6.3 kV,试求原、副绕组的额定电流。

3-20 一台三相变压器，$S_N = 5\,000$ kV·A，$U_{1N}/U_{2N} = 35$ kV/10.5 kV，Yd 接法，求原、副绕组的额定电流。

3-21 一台电力三相变压器，$S_N = 750$ kV·A，$U_{1N}/U_{2N} = 10\,000$ V/400 V，原、副边绕组为 Yy0 接法。在低压边做空载试验，数据为：$U_{20} = 400$ V，$I_{20} = 60$ A，$p_0 = 3\,800$ W。求：

(1) 变压器的变比；

(2) 励磁电阻和励磁电抗。

3-22 某三相变压器的额定容量为 500 kV·A，Yyn 连接，电压为 6 300 V/400 V，现将电源电压由 6 300 V 改为 10 000 V，若保持低压绕组匝数每相 40 匝不变，试求原来高压绕组匝数及新的高压绕组匝数。

3-23 一台三相电力变压器 Yd 接法，额定容量 $S_N = 1\,000$ kV·A，额定电压 $U_{1N}/U_{2N} = 10$ kV/3.3 kV，短路阻抗标幺值 $Z_K^* = 0.053$，二次侧的负载接成三角形，$Z_L = (50 + j85)\,\Omega$，试求一次侧电流、二次侧电流和二次侧电压。

3-24 一台单相双绕组变压器，额定容量为 $S_N = 600$ kV·A，$U_{1N}/U_{2N} = 35$ kV/6.3 kV，当有额定电流流过时，漏阻抗压降占额定电压的 6.5%，绕组中的铜损耗为 9.5 kW（认为是 75℃的值），当一次绕组接额定电压时，空载电流占额定电流的 5.5%，功率因数为 0.10。试求：

(1) 变压器的短路阻抗和励磁阻抗各为多少；

(2) 当一次侧绕组接额定电压，二次侧绕组接负载 $Z_L = 80\angle 40°\,\Omega$ 时的 U_2、I_1 及 I_2 各为多少。

3-25 一台三相电力变压器 Yy 连接，额定容量为 $S_N = 750$ kV·A，额定电压 $U_{1N}/U_{2N} = 10$ kV/0.4 kV；在低压侧做空载试验时，$U_{20} = 400$ V，$I_0 = 60$ A，空载损耗 $p_0 = 3.8$ kW；在高压侧做短路试验时，$U_{1K} = 400$ V，$I_{1K} = I_{1N} = 43.3$ A，短路损耗 $p_K = 10.9$ kW，铝线绕组，室温为 20 ℃，试求：

(1) 变压器各阻抗参数，求阻抗参数时认为 $r_1 \approx r_2'$，$x_1 \approx x_2'$，并画出 T 形等值电路图；

(2) 带额定负载，$\cos\varphi_2 = 0.8$（滞后）时的电压变化率 Δu 及二次电压 U_2；

(3) 带额定负载，$\cos\varphi_2 = 0.8$（超前）时的电压变化率 Δu 及二次电压 U_2。

项目 4　三相异步电动机

交流电机有异步电机和同步电机两大类。同步电机的转速与所接电网的频率之间存在一种严格不变的关系,异步电机则不然,并无此种关系。异步电机有不带换向器和带换向器两种,习惯上所说的异步电机是指不带换向器的异步电机。这种异步电机的定子绕组接上电源以后,由电源供给励磁电流建立磁场,依靠电磁感应作用,使转子绕组感生电流,产生电磁转矩,以实现机电能量转换。因其转子电流是由电磁感应作用产生的,因而也称为感应电机。

异步电机一般都作为电动机使用,因为异步发电机的性能较差。异步电动机分为三相和单相两种。异步电动机在工农业、交通运输、国防工业以及其他各行各业中应用非常广泛。其原因在于,和其他各种电动机比较,它具有结构简单、制造方便、运行可靠、价格低廉等一系列优点,特别是和同容量的直流电动机相比,异步电动机的重量约为直流电动机的一半,而其价格仅为直流电动机的 $\frac{1}{3}$。但是,异步电动机也有一些缺点,最主要的是:不能经济地实现范围较广的平滑调速;必须从电网吸取滞后的励磁电流,使电网功率因数变坏。总的来说,由于大多数生产机械并不要求大范围的平滑调速,而电网的功率因数又可以采取其他办法来进行补偿,因此,三相异步电动机仍不失为电力拖动系统中一个极为重要的元件。

任务 4.1　认识三相异步电动机

【任务设置】

三相异步电动机主要由哪几部分组成?分别起什么作用?给交流电动机通入三相交流电后,电动机为什么就会旋转起来?电动机旋转方向和转速的大小与哪些因素有关?怎样由铭牌参数计算电动机运行时的相关数据?

【任务目标】

① 掌握三相异步电动机的结构及各部件的名称和作用。
② 掌握三相异步电动机的工作原理。

③ 会分析三相异步电动机的运行过程。
④ 会判别三相异步电动机定子绕组的连接方式。

【相关知识】

4.1.1 三相异步电动机的结构及工作原理

1. 三相异步电动机的结构

图 4-1 所示的是一台笼型三相异步电动机的结构图,与直流电机一样,它主要也是由定子和转子两大部分组成的,定子与转子之间有一个较小的空气隙。此外,还有端盖、轴承、机座、风扇等部件。

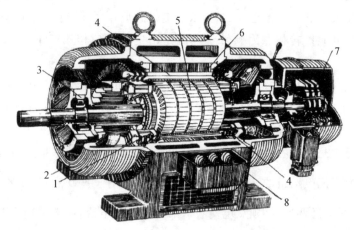

1—转子绕组;2—端盖;3—轴承;4—定子绕组;5—转子;6—定子;7—集电环;8—出线盒。

图 4-1 笼型三相异步电动机的结构图

(1) 定子

异步电动机的定子主要是由机座、定子铁芯和定子绕组三个部分组成的。

① 定子铁芯。

定子铁芯是异步电动机主磁通磁路的一部分,装在机座里。由于电机内部的磁场是交变的磁场,为了降低定子铁芯里的铁损耗(磁滞、涡流损耗),定子铁芯采用 0.35～0.5 mm 厚的硅钢片叠压而成,在硅钢片的两面还应涂上绝缘漆。图 4-2 所示是异步电动机的定子铁芯。当定子铁芯的直径小于 1 m 时,定子铁芯用整圆的硅钢片叠成;当其直径大于 1 m 时,由于受硅钢片材料规格的制约,定子铁芯用扇形的硅钢片叠成。

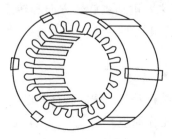

图 4-2 定子铁芯

在定子铁芯的内圆上开有槽,称为定子槽,用来放置和固定定子绕组。图 4-3 所示为定子槽,其中图 4-3(a)是开口槽,用于大、中型容量的高压异步电机中;图 4-3(b)是半开口槽,用于中型 500 V 以下的异步电机中;图 4-3(c)是半闭口槽,用于低压小型异步电机中。

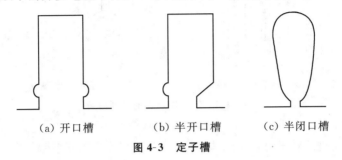

(a) 开口槽　　　　(b) 半开口槽　　　　(c) 半闭口槽

图 4-3　定子槽

② 定子绕组。

高压大、中型容量的异步电动机三相定子绕组通常采用 Y 接法,只有三根出线,如图 4-4(a)所示。中、小容量的低压异步电动机,通常把三相定子绕组的六根出线头都引出来,根据需要可接成 Y 形或△形,如图 4-4(b)所示。定子绕组用绝缘的铜或铝导线绕成,按一定的分布规律嵌在定子槽内,绕组与槽壁间用绝缘材料隔开。

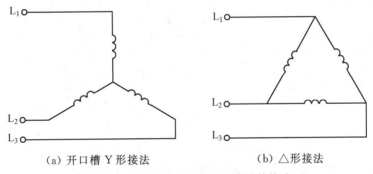

(a) 开口槽 Y 形接法　　　　(b) △形接法

图 4-4　三相异步电动机定子绕组的接法

③ 机座。

机座的作用主要是固定与支撑定子铁芯。如果是端盖轴承电动机,还要支撑电动机的转子部分。因此机座应有足够的机械强度和刚度。中、小型异步电动机通常采用铸铁机座。大型异步电动机一般采用钢板焊接的机座。

(2) 转子

异步电动机的转子主要是由转子铁芯、转子绕组和转轴三部分组成的。

① 转子铁芯。

转子铁芯也是电机主磁通磁路的一部分,它用 0.35~0.5 mm 厚的硅钢片叠压而成。图 4-5 所示是转子槽型图,整个转子铁芯固定在转轴上,或固定在转子支架上,转子支架再套在转轴上。

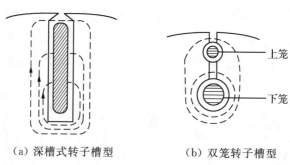

(a) 深槽式转子槽型　　(b) 双笼转子槽型

图 4-5　转子冲片上的槽型图

② 转子绕组。

三相异步电动机的转子绕组按结构不同,可分为绕线式和笼型两种。

如果是绕线式转子异步电动机,则转子绕组也是按一定规律分布的三相对称绕组,它可以连接成 Y 形或△形。一般小容量电动机连接成△形,大、中容量电动机连接成 Y 形。转子绕组的 3 条引线分别接到 3 个滑环上,用一套电刷装置引出来,如图 4-6 所示。其目的是把外接的电阻串联到转子绕组回路中去,改善异步电动机的特性或者提高异步电动机的调速。

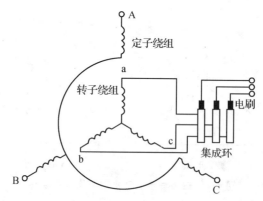

图 4-6　绕线式转子异步电动机定、转子绕组接线方式

如果是笼型异步电动机,则转子绕组与定子绕组大不相同,它是一个自己短路的绕组。在转子的每个槽里放上一根导体,每根导体都比铁芯长,在铁芯的两端用两个端环把所有的导条都短路起来,形成一个自己短路的绕组。如果把转子铁芯拿掉,则可看出剩下的绕组形状像一个笼子,如图 4-7(a) 所示,因此又叫笼型转子。至于导条的材料,有用铜的,也有用铝的,如果导条采用的是铜材料,就需要把事先做好的裸铜条插入转子铁芯上的槽里,再用铜端环套在伸出两端的铜条上,最后焊接在一起。如果导条采用的是铝材料,就用熔化的铝液直接浇铸在转子铁芯上的槽里,连同端环、风扇一次铸成,如图 4-7(b) 所示。

 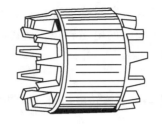

(a) 铜条绕组转子　　　　(b) 铸铝绕组转子

图 4-7　笼型转子

③ 转轴。

转轴一般用强度和刚度较高的低碳钢制成,其作用是支撑转子和传递转矩。

(3) 气隙

异步电动机定、转子之间的空气间隙简称为气隙,它比同容量直流电动机的气隙要小得多。在中、小型异步电动机中,气隙一般为 0.2~1.5 mm。

异步电动机的励磁电流是由定子电源供给的。气隙较大时,磁路的磁阻较大。若要使气隙中的磁通达到一定的要求,则相应的励磁电流也就大了,从而影响电动机的功率因数。为了提高功率因数,尽量让气隙小一些。但也不应太小,否则,定、转子有可能发生摩擦与碰撞。如果从减少附加损耗以及减少高次谐波磁动势产生的磁通的角度来看,气隙大一点有好处。

2. 三相异步电动机的工作原理

(1) 异步电动机的工作原理

三相异步电动机定子对称三相绕组通入对称三相交流电流,将建立定子三相合成旋转磁动势并产生定子旋转磁场。如图 4-8 所示,某一瞬间定子旋转磁场的磁通以同步转速按逆时针方向旋转,转子导体切割磁场感应出电动势,感应电动势方向可用右手定则确定。该电动势在闭合的转子绕组中产生电流。

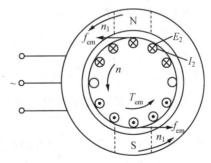

图 4-8　异步电动机的工作原理

载流的转子绕组处于旋转磁场中,将受到电磁力作用。可用左手定则确定此时转子绕组受到一个逆时针方向的电磁力和电磁转矩作用,使转子以转速 n 随着定子旋转磁场转向旋转。如果转轴上带机械负载,电动机便拖动该机械设备做功,将输入的电功率转换为轴上输出的机械功率。

由上述分析可见,异步电动机转子的转速 n 不能等于定子旋转磁场的转速 n_1。若 $n=$

n_1,则转子与定子旋转磁场之间就没有相对运动,转子绕组中就没有感应电动势和感应电流,也就没有驱动转子转动的电磁转矩。所以 $n \neq n_1$ 是异步电动机维持运行的必要条件,"异步"之名由此而来。

(2) 转差率

为表征转子导体与定子旋转磁场相对切割速度的大小,定义转差率 s 为

$$s = \frac{n_1 - n}{n_1} \tag{4-1}$$

s 又称滑差,它是表征异步电机运行状态的一个基本变量。通常电机带额定负载时,s_N 在 0.01~0.06 之间,所以异步电动机转子转速 n 总是接近于定子旋转磁场转速 n_1。

(3) 异步电机的三种运行状态

① 电动机运行状态($0 < s < 1$)。

如图 4-9(a)所示,假设定子旋转磁场的等效磁极以转速 n_1 旋转,为了简化,转子只画出了两根导体。在电动机运行状态下,n 与 n_1 方向相同且 $n < n_1$。根据电磁感应和电磁力定律,定子旋转磁场与转子电流相互作用,产生具有驱动性质的电磁力 F 和电磁转矩 T_{em}。这说明,定子从电力系统吸收电功率转换为机械功率输送给转轴上的负载。

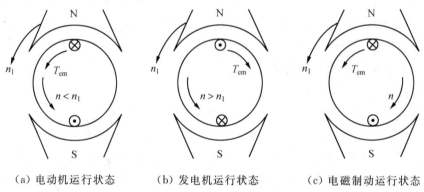

(a) 电动机运行状态　　(b) 发电机运行状态　　(c) 电磁制动运行状态

图 4-9　异步电动机三种运行状态

② 发电机运行状态($-\infty < s < 0$)。

当异步电机由原动机驱动,使转子转速 n 与 n_1 同方向且超过 n_1 时,即 $n > n_1$,转差率 s 变为负值,定子旋转磁场切割转子导体的方向与电动机状态下相反,如图 4-9(b)所示。根据电磁感应和电磁力定律,转子电流反向,定子旋转磁场与转子电流相互作用,产生具有制动性质的电磁力 F 和电磁转矩 T_{em}。若要维持转子转速 n 且 n 大于 n_1,原动机必须向异步电机输入机械功率,从而克服电磁转矩做功。这说明,输入的机械功率转换为电功率输送给电力系统,此时异步电机运行于发电机状态。

③ 电磁制动运行状态($1 < s < +\infty$)。

如果用外力拖动电机逆着旋转磁场的旋转方向转动,则旋转磁场将以速度 $n + n_1$ 切割转子导体,切割方向与电动机状态下相同。因此转子电动势、转子电流和电磁转矩的方向与电动机运行状态下相同,但电磁转矩与转子转向相反,对转子的旋转起制动作用,故称为电磁制动运行状态。这说明,一方面定子从电力系统吸收功率;另一方面驱动转子反转的外加

转矩克服电磁转矩做功,向异步电机输入机械功率。可见,从两个方面输入的功率转换为电机内部的热能。

例 4-1　一台三相异步电动机的 $f_N=50$ Hz,$n_N=960$ r/min,该电动机的额定转差率是多少?另有一台 4 极三相异步电动机,其转差率 $s_N=0.03$,那么它的额定转速是多少?

解　因 $n_N=960$ r/min,故可推断 $n_1=1\ 000$ r/min,得

$$s_N=\frac{n_1-n_N}{n_1}=\frac{1\ 000-960}{1\ 000}=0.04$$

因电机为 4 极电极,故极对数 $p=2$,知 $n_1=\frac{60f}{p}=\frac{60\times 50}{2}=1\ 500$ r/min,得

$$n_N=n_1(1-s_N)=1\ 500(1-0.03)\ \text{r/min}=1\ 455\ \text{r/min}$$

4.1.2　三相异步电动机的分类及铭牌

1. 分类

根据不同的冷却方式和保护方式,异步电机有开启式、防护式、封闭式和防爆式几种。

防护式异步电机能够防止外界杂物落入电机内部,并能在与垂直线成 45°角的任何方向防止水滴、铁屑等掉入电机内部。这种电机的冷却方式是在电机的转轴上装有风扇,冷空气从端盖进入电机,冷却定、转子后再从机座旁边出去。

封闭式异步电机是电机内部的空气和机壳外面的空气彼此互相隔开。电机内部的热量通过机壳的外表面散出去。为了提高散热效果,可在电机外面的转轴上装上风扇和风罩,并在机座的外表面铸出许多冷却片。这种电机用在灰尘较多的场所。

防爆式异步电机是一种全封闭的电机,它把电机内部和外界的易燃、易爆气体隔开。多用于有汽油、酒精、天然气等易爆物质的场所。

2. 铭牌

与其他电器一样,三相异步电动机在其机座上有一块铭牌,标注着电机的型号和额定值等重要参数,如表 4-1 所示。

表 4-1　三相异步电动机铭牌

三相异步电动机			
型号 Y₂200M2-2		编号××××	
6 kW		8.4 A	
380 V	2 900 r/min	LW 79 dB(A)	
接法△	防护等级 IP44	50 Hz	×× kg
ZBK2007-88	工作制 SI	B 级绝缘	××年×月
××××电机厂			

(1) 型号

异步电动机的型号主要包括:表示电机类型的产品代号(用大写字母表示),表示产品设计顺序的设计序号(用阿拉伯数字表示)和表示中心高度、铁芯外径、机座号、机座长度、铁芯

长度和极数等的规格代号。表示产品代号时:Y 表示异步电动机,YR 表示绕线转子异步电动机。表示机座时:L、M、S 分别表示长、中、短机座。表示铁芯长度时:一般用 1、2、3……依次表示铁芯长度。现举例说明:

Y_2 200 M2-2

Y_2:表示产品代号为异步电动机,2 表示第二次改进设计;

200:表示中心高度为 200 mm;

M:表示中机座;

第一个 2:表示 2 号铁芯长度;

第二个 2:表示 2 极。

中心高度越大,电动机容量就越大。因此,电动机分类时容量与中心高度一般为:小型电动机,80~315 mm;中型电动机,315~600 mm;大型电动机,600 mm 以上。并且中心高度相同时,机座越长则容量越大。

机座号与定子铁芯外径及中心高度的对应关系如表 4-2 所示。

表 4-2 机座号与定子铁芯外径及中心高度的对应关系

机座号	1	2	3	4	5	6	7	8	…
定子铁芯外径/mm	120	145	167	210	245	280	327	368	…
中心高度/mm	90	100	112	132	160	180	225	250	…

(2) 额定值

① 额定电压 U_N。

它是指额定运行时,加在电动机定子绕组上的线电压值(V 或 kV)。

② 额定电流 I_N。

它是指额定运行时,流入电动机定子绕组中的线电流值(A 或 kA)。

③ 额定容量 P_N。

它是指额定运行时,电动机转轴上所输出的机械功率(kW)。

对于三相异步电动机,有如下关系:

$$P_N = \sqrt{3} U_N I_N \cos\varphi_N \eta_N \tag{4-2}$$

式中:$\cos\varphi_N$——额定功率因数;

η_N——额定效率。

④ 额定转速 n_N。

它是指额定运行时,电动机转轴的转速(r/min)。

⑤ 额定频率 f_N。

它是指电动机所接交流电源的频率。我国电网的工频是 50 Hz。

⑥ 接法。

在电动机额定运行时,用 Y 或 △ 表示定子绕组的连接方式。

若是绕线转子,铭牌上还会标有转子绕组的开路电压(V)和额定电流(A),主要作为配备启动电阻时的依据。

例 4-2 一台三角形连接的 Y132M-4 型三相异步电动机的额定数据如下：$P_N = 7.5$ kW，$U_N = 380$ V，$n_N = 1\,440$ r/min，$\cos\varphi_N = 0.82$，$\eta_N = 88.2\%$。试求该电动机的额定电流和对应的相电流。

解 $I_N = \dfrac{P_N}{\sqrt{3}U_N\eta_N\cos\varphi_N} \approx \dfrac{7\,500}{1.732\times380\times0.882\times0.82}$ A ≈ 15.76 A

三角形连接时 $I_{相} = \dfrac{I_N}{\sqrt{3}} \approx \dfrac{15.76}{1.732}$ A $= 9.1$ A

(3) 接线方式

接线方式是指电动机三相定子绕组之间的连接关系，从形式上来看，有星形（Y）和三角形（△）两种方式，实际所采用的方式要视具体电压而定。接线板示意图如图 4-10 所示。

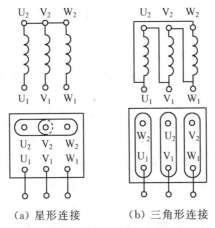

(a) 星形连接　　(b) 三角形连接

图 4-10　三相异步电动机接线端的连接方式

4.1.3　三相异步电动机的定子绕组

三相异步电动机也是一种机电能量转换的电磁装置。和直流电动机一样，要实现机电能量转换，异步电动机必须具有一定大小分布的磁场和与磁场相互作用的电流。异步电动机的工作磁场（主磁场）是一种旋转磁场，是依靠在定子绕组中通以交流电流来建立的。因此，定子上的三相绕组必须保证当它通以三相交流电流以后，其所建立的旋转磁场具有一定的极数和大小，并且在空间的分布波形接近正弦波形，而且由该旋转磁场在绕组中所感应的电动势也是对称的。这种旋转磁场由旋转磁动势来建立，那么对磁场的要求也就是对磁动势的要求。

异步电动机定子绕组的种类很多，按相数分，有单相、两相和三相绕组；按槽内层数分，有单层、双层和单双层混合绕组；按绕组端接部分的形状分，单层绕组又有同心式、交叉式和链式之分，双层绕组又有叠绕组和波绕组之分；按每极每相所占的槽数是整数还是分数，有整数槽绕组和分数槽绕组之分。各类绕组的构成原则是一致的。

1. 交流绕组的一些基本知识和基本量

为了便于分析三相绕组的排列和连接，先介绍一些有关交流绕组的基本知识和基本量。

(1) 电角度与机械角度

电机圆周在几何上分成360°，这个角度称为机械角度。从电磁观点来看，若磁场在空间按正弦波分布，则经过 N、S 一对磁极恰好相当于正弦曲线的一个周期。如有导体去切割这种磁场，经过 N、S 一对磁极，导体中所感应产生的正弦电动势的变化亦为一个周期，变化一个周期即经过360°电角度，因而一对磁极占有的空间是360°电角度。若电机有 p 对磁极，电机圆周按电角度计算就为 $p \times 360°$，而机械角度总是360°，因此：

$$电角度 = p \times 机械角度$$

(2) 极距

沿电机定子铁芯内圆每个磁极所占有的距离称为极距 τ，即

$$\tau = \frac{\pi D}{2p}$$

式中：D——定子铁芯内径。

极距 τ 也可用每一磁极所占的定子槽数来表示。若定子铁芯槽数为 Q_1，则

$$\tau = \frac{Q_1}{2p}$$

(3) 线圈

组成交流绕组的单元是线圈，习惯上不像直流电机那样称为元件。线圈由一匝或多匝串联而成，它有两个引线，一个叫首端，另一个叫末端。

(4) 节距

一个线圈的两个边所跨定子圆周上的距离称为节距，用 y_1 表示，一般用槽数计算。节距应该接近极距 τ。$y_1 = \tau$ 的绕组称为整距绕组，$y_1 < \tau$ 的绕组称为短距绕组，$y_1 > \tau$ 的绕组称为长距绕组。常用的是整距绕组和短距绕组。

(5) 槽距角 α

相邻槽之间的电角度叫槽距角 α。由于定子槽在定子内圆上是均匀分布的，已知 Q_1 为定子槽数，p 为极对数，则槽距角

$$\alpha = \frac{p \times 360°}{Q_1}$$

(6) 每极每相槽数 q

每一个极下每相绕组所占的槽数，称为每极每相槽数，用符号 q 表示。

$$q = \frac{Q_1}{2pm}$$

式中：m——相数。

2. 交流绕组的排列和连接

对称三相绕组由三个在空间互差120°电角度的独立绕组所组成，所以只要以给定的槽数和极数为依据，按照建立旋转磁动势及磁场的要求，确定一相的线圈在定子槽内的排列以

及线圈间的连接,其余两相绕组由空间互差120°电角度的原则,进行相似的排列和连接,就可以构成整个对称三相绕组。

为了便于说明问题,给定电机的极数$2p=4$,定子槽数$Q_1=24$。

(1) 极距的计算

由于三相异步电动机和直流电动机不一样,没有具体的磁极,磁极的效应要在对称三相绕组中通入对称三相电流以后才显示出来,因而要按对磁动势的要求来排列三相绕组时,必须根据给定的定子槽数Q_1和极数$2p$去确定极距。根据公式$\tau=\dfrac{Q_1}{2p}$,若$Q_1=24,2p=4$,则$\tau=6$。这说明,一个极距应跨过6个槽,24个定子槽在定子内圆上是均匀分布的,所以跨6个槽占定子内圆圆周的$\dfrac{1}{4}$。

(2) 线圈中的电流方向

计算出极距后,根据所给定的极数,弄清各个极距内属于一相绕组的线圈边中电流的方向。如果电机极数$2p=2$,整个定子内圆有两个极距。在每个极距内放一个线圈边,另一线圈边相距一个极距,在两个线圈边中通入相反方向的电流时,线圈边中的电流所形成的磁动势波是一个以$2T$为周期的矩形波,这就形象地说明这种磁动势所建立的磁场具有两个极性,如图4-11(a)所示。若电机有4个极($2p=4$),则定子内圆有4个极距。在每个极距内也放一个线圈边,使线圈边之间的距离也是一个极距,则相邻线圈边中通入相反方向的电流时,所建立的磁场具有4个极性,如图4-11(b)所示。由此可见,在相邻极距内属于一相绕组,而相邻一个极距的线圈边有相反方向的电流时,才能建立极数符合给定的磁动势和磁场的要求。

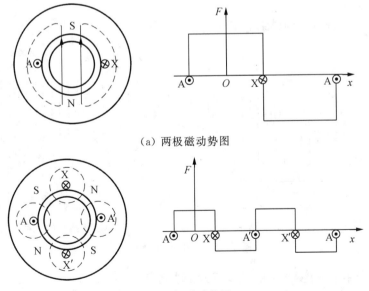

(a) 两极磁动势图

(b) 四极磁动势图

图4-11 两极与四极磁动势图

(3) 确定相带

根据对称的要求,每一相绕组在定子内圆上应占相等的槽数 $\frac{Q_1}{m}$(m 为相数,$\frac{Q_1}{m}$ 必须是整数)。一般属于每相的槽不集中在一起,而是将它们按极距对称且均匀地分组。

每个极距内有一个组,每个组内含有的槽数即为每极每相的槽数 $q=\frac{Q_1}{2mp}$,若 $Q_1=24$,$m=3$,$2p=4$,则 $q=2$。这种每个极距内属于同相的槽所占有的区域称为相带。按照上面所分析的磁极极性的要求,每相绕组的所有相带均需相隔一个极距。因为一个极距为 180°电角度,而三相绕组每个极距内共有三个相带,则每个相带为 60°电角度,这样排列的对称三相绕组称为 60°相带绕组。一般的三相异步电动机中都采用 60°相带的三相绕组。

(4) 画定子槽的展开图

将槽编号,分相带,并确定各相的相带。$p=2$,$Q_1=24$ 时,一相绕组的构成如图 4-12 所示。以单层绕组为例,根据对线圈边中电流方向的要求,就可以画出一相绕组的线圈及其互相间的连接。实际上就是将四个整距线圈分成两个组,每组由两个线圈串联,将第一个线圈组中两个线圈边嵌入 1、2 槽,另外两个线圈边嵌入 7、8 槽,将第二个线圈组中的四个边分别嵌入 13、14 和 19、20 槽中。把第一个线圈组与第二个线圈组按电流方向的要求进行串联(或并联),就构成一相绕组,如图 4-12(b)所示。

综上,可归纳出一般三相绕组的排列和连接的方法:

① 计算极距 τ。

② 计算每极每相槽数 q。

③ 划分相带。

④ 组成线圈组。

⑤ 按极性对电流方向的要求分别构成一相绕组。

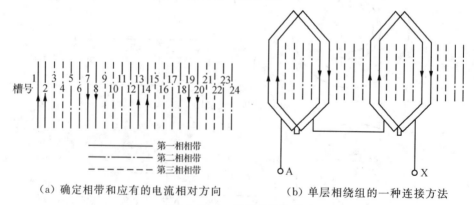

(a) 确定相带和应有的电流相对方向　　(b) 单层相绕组的一种连接方法

图 4-12　一相绕组的构成

4.1.4　三相异步电动机的电动势和磁动势

1. 正方向的规定

图 4-13 是一台绕线转子异步电动机定、转子绕组的连接示意图,假设定、转子三相等效

绕组都是 Y 形接法，定子绕组接在三相对称交流电源上，转子绕组开路。图中标明了各有关物理量的正方向，其中：$\dot{U}_1$、$\dot{E}_1$、$\dot{I}_1$ 分别是定子绕组的相电压、相电动势、相电流，$\dot{U}_2$、$\dot{E}_2$、$\dot{I}_2$ 分别是转子绕组的相电压、相电动势、相电流。另外，规定磁动势、磁通和磁通密度从定子出来而进入转子的方向为它们的正方向。

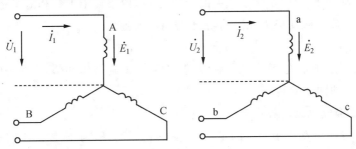

图 4-13 转子绕组开路时异步电动机的正方向

2. 异步电动机的合成磁动势

（1）定子磁动势

当三相异步电动机的定子绕组接到三相对称电源上时，定子绕组中就会有三相对称电流 i_1 流过，三相对称电流流过定子三相对称绕组所产生的定子合成磁动势是圆形旋转磁动势

$$F_1(x,t) = F_{1m}\cos\left(\omega t - \frac{\pi x}{\tau}\right)$$

其中，幅值 F_{1m} 为

$$F_{1m} = \frac{3}{2} \cdot \frac{4}{\pi} \cdot \frac{\sqrt{2}}{2} \cdot \frac{N_1 k_{w1}}{n_p} I_1 \tag{4-3}$$

式中：N_1——定子一相绕组串联的匝数；

k_{w1}——定子绕组的绕组系数；

n_p——电动机的极对数；

I_1——定子绕组电流的有效值。

定子旋转磁动势相对于定子绕组以角频率 $\omega = \dfrac{2\pi n_p n_1}{60}$ 旋转，n_1 是磁动势 F_1 的同步转速，单位是 r/min。

（2）转子磁动势

同理，在转子三相对称绕组中流过三相对称电流 i_2 时，也会产生转子空间旋转磁动势。现设异步电动机以转速 n 旋转时，由转子电流 i_2 产生的三相合成旋转磁动势的幅值为

$$F_{2m} = \frac{3}{2} \cdot \frac{4}{\pi} \cdot \frac{\sqrt{2}}{2} \cdot \frac{N_2 k_{w2}}{n_p} I_2 \tag{4-4}$$

式中：N_2——转子一相绕组串联的匝数；

k_{w2}——转子绕组的绕组系数；

I_2——转子绕组电流的有效值。

假定转子电流 i_2 的频率为 f_2，显然由转子电流产生三相合成旋转磁动势 F_2，它相对于转子绕组的转速用 n_2 表示为

$$n_2 = \frac{60f_2}{n_p} \tag{4-5}$$

转子旋转磁动势 F_2 相对于转子绕组的转速为 n_2，由于转子本身相对于定子绕组有一个转速 n，于是，转子旋转磁动势 F_2 相对于定子绕组的转速为

$$n_2 + n = sn_1 + n = n_1$$

这说明相对于定子来说，定子旋转磁动势 F_1 与转子旋转磁动势 F_2 都是同转向，以相同的转速 n_1 旋转着，即同步旋转。

（3）定、转子合成总磁动势

既然作用在异步电动机磁路上的定、转子旋转磁动势 F_1 与 F_2 以同步转速一起旋转，就应该把它们按矢量的方法加起来，得到一个合成的总磁动势，用 F_{12} 表示。假定两个矢量 $\dot{F}_1$ 与 $\dot{F}_2$ 之间的夹角为 φ_{12}，则它们的合成磁动势为 $\dot{F}_{12}$，其矢量关系如图 4-14 所示。

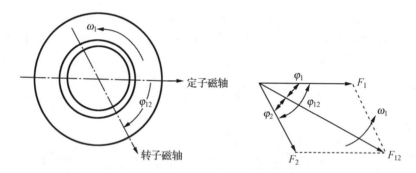

图 4-14 异步电动机旋转磁动势的矢量关系

根据异步电动机定、转子旋转磁动势的矢量关系，其合成的总磁动势可表示为

$$\dot{F}_{12} = \dot{F}_1 + \dot{F}_2 \tag{4-6}$$

由此可见，当三相异步电动机的转子以转速 n 旋转时，定、转子磁动势的关系并未改变，只是每个磁动势的大小及相互之间的相位有所不同而已。在气隙中建立的基波旋转磁动势，产生相应的基波旋转磁场，与基波旋转磁场相对应的磁通称为主磁通，用 Φ_m 表示。

3. 异步电动机的感应电动势

气隙每极主磁通 Φ_m 在定、转子绕组中分别产生感应电动势，仅考虑其数值关系，可得

$$e = \omega_e N\Phi \sin\omega t \tag{4-7}$$

这里，$\Phi = \Phi_m$，对于定子绕组，$\omega_e = \omega_1 = 2\pi f_1$，$N = N_1$；对于转子绕组，$\omega_e = \omega_2 = 2\pi f_2$，$N = N_2$。因此，定、转子绕组感应电动势的有效值分别为

$$E_1 = 4.44 f_1 N_1 k_{w1} \Phi_m \tag{4-8}$$

$$E_2 = 4.44 f_2 N_2 k_{w2} \Phi_m \tag{4-9}$$

由此可见，E_1 和 E_2 的表达式与双绕组变压器相似，但在相位上均滞后于 Φ_m 90°，所以定、转子绕组感应电动势的相量表达式分别为

$$\dot{E}_1 = -\text{j}4.44 f_1 N_1 k_{w1} \dot{\Phi}_m \tag{4-10}$$

$$\dot{E}_2 = -\text{j}4.44 f_2 N_2 k_{w2} \dot{\Phi}_m \tag{4-11}$$

任务 4.2　三相异步电动机的运行分析

【任务设置】

交流电动机主要作为动力设备，带动生产机械负载运行，运行时电动机的电磁关系和性能如何？带或不带负载运行又存在哪些异同？为什么说转差率是异步电动机的一个很重要的参数？

【任务目标】

① 掌握转子绕组的各个电磁量与转差率的关系。
② 掌握电动势、磁动势的平衡关系。

【相关知识】

4.2.1　交流电动机的空载运行分析

异步电动机定、转子之间的电磁关系和变压器一、二次侧的电磁关系很相似，定子侧相当于变压器的一次侧，转子侧相当于变压器的二次侧。因此，可把分析变压器的理论应用到异步电机中来。异步电动机正常运行时通常是旋转的，随转速变化，转子中感应电动势及电流的频率也要随之变化，与定子电动势及电流频率不相等。同时，转子回路各物理量也相应变化，故异步电动机的分析与计算比变压器复杂。我们先从异步电动机空载运行进行分析，然后研究异步电动机负载运行。

1. 空载运行时的电磁关系

（1）主磁通与漏磁通

异步电动机空载运行时的定子电流称为空载电流，用 $\dot{I}_0$ 表示。异步电动机空载运行时，轴上没带机械负载，电动机空载转速很高，接近于同步转速。转子与定子旋转磁场几乎无相对运动，于是转子感应电动势 $\dot{E}_2 \approx 0$，转子电流 $\dot{I}_2 \approx 0$，转子磁动势 $\dot{F} \approx 0$。此时气隙磁场只由定子空载磁动势产生。空载时的定子磁动势即为励磁磁动势。空载时的定子电流 $\dot{I}_0$，即为励磁电流，且基本为一无功性质电流。

根据磁通路径和性质不同，异步电动机磁通分为主磁通和漏磁通，如图 4-15 所示。

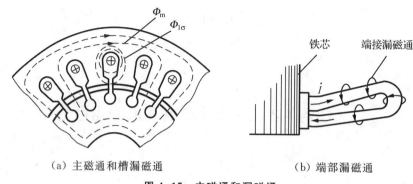

(a) 主磁通和槽漏磁通　　(b) 端部漏磁通

图 4-15　主磁通和漏磁通

① 主磁通 $\dot{\Phi}_m$。

定子磁动势产生的磁通绝大部分通过定子铁芯、转子铁芯及气隙形成闭合回路,并同时与定、转子绕组相交链,这部分磁通称为主磁通,用 $\dot{\Phi}_m$ 表示。

主磁通同时交链定、转子绕组,在定、转子绕组中产生感应电动势,并在闭合的转子绕组中产生感应电流。转子载流导体与定子磁场相互作用产生电磁转矩,从而将定子绕组输入的电能转化为轴上输出的机械能。因此,主磁通是实现异步电动机机电能量转换的关键。

② 定子漏磁通 $\dot{\Phi}_{1\sigma}$。

定子磁动势除产生主磁通以外,还产生仅与定子绕组相交链的磁通,这部分磁通称为定子漏磁通,用 $\dot{\Phi}_{1\sigma}$ 表示。

漏磁通主要由槽漏磁通和端部漏磁通组成。由于漏磁通沿磁阻很大的空气形成闭合回路,故漏磁通相对于主磁通比较小;且定子漏磁通仅与定子绕组交链,只在定子绕组中产生漏电动势,故不能起能量转换的媒介作用,只能起电压降的作用。

(2) 电磁关系

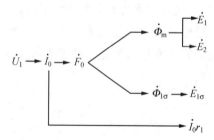

2. 空载运行时的电动势平衡方程

(1) 感应电动势

理想空载运行时,转子回路电动势 $\dot{E}_2 \approx 0$,转子电流 $\dot{I}_2 \approx 0$,故只讨论定子回路。

① 定子绕组电动势 $\dot{E}_1$。

异步电动机三相定子绕组内通入三相交流电后产生的主磁场 $\dot{\Phi}_m$ 为旋转磁场,定子绕组因切割旋转磁场而感应电动势 $\dot{E}_1$,且 $\dot{E}_1$ 滞后主磁通 $\dot{\Phi}_m$ 90°,所以其复数表达式为

$$\dot{E}_1 = -\mathrm{j}4.44 f_1 N_1 k_{w1} \dot{\Phi}_m \tag{4-12}$$

式中：$\dot{\Phi}_m$——气隙旋转磁场的每极磁通；

N_1——定子每相绕组匝数；

k_{w1}——定子绕组系数，它是由定子绕组的短距和分布而引起的；

f_1——定子电流频率。

与分析变压器相似，感应电动势可以用励磁电流在励磁阻抗上的电压降来表示，即

$$-\dot{E}_1 = \dot{I}_0 (r_m + \mathrm{j}x_m) = \dot{I}_0 Z_m$$
$$Z_m = r_m + \mathrm{j}x_m \tag{4-13}$$

式中：$r_m + \mathrm{j}x_m$——励磁阻抗；

r_m——励磁电阻，是反映铁损耗的等效电阻；

x_m——励磁电抗，它是对应于主磁通 $\dot{\Phi}_m$ 的电抗。

② 定子漏电动势 $\dot{E}_{1\sigma}$。

定子漏磁通只交链定子绕组，在定子绕组中感应电动势 $\dot{E}_{1\sigma}$。与变压器一样，漏电动势可以用空载电流在漏抗上的电压降来表示，由于 $\dot{E}_{1\sigma}$ 滞后于 $\dot{I}_0 90°$，故

$$\dot{E}_{1\sigma} = -\mathrm{j}\dot{I}_0 x_{1\sigma} \tag{4-14}$$

式中：$x_{1\sigma}$——定子绕组漏抗，它是对应于定子漏磁通的电抗。

(2) 电动势平衡方程式

设定子绕组上每相所加端电压为 $\dot{U}_1$，相电流为 $\dot{I}_0$，主磁通 $\dot{\Phi}_m$、漏磁通 $\dot{\Phi}_{1\sigma}$ 在定子绕组中分别感应电动势 $\dot{E}_1$ 和 $\dot{E}_{1\sigma}$，定子电流 $\dot{I}_0$ 通过定子绕组，将在定子绕组电阻 r_1 上产生电压降 $\dot{U}_{1r} = \dot{I}_0 r_1$。依照变压器一次绕组各电磁量的正方向规定，根据基尔霍夫第二定律，定子每相电路的电压平衡方程式为

$$\dot{U}_1 = -\dot{E}_1 - \dot{E}_{1\sigma} + \dot{U}_{1r} = -\dot{E}_1 + \mathrm{j}\dot{I}_0 x_{1\sigma} + \dot{I}_0 r_1 = -\dot{E}_1 + \dot{I}_0 Z_1$$
$$Z_1 = r_1 + \mathrm{j}x_{1\sigma} \tag{4-15}$$

式中：Z_1——定子绕组的漏阻抗。

由于 r_1 和 $x_{1\sigma}$ 很小，定子绕组漏电抗压降 $\dot{I}_0 Z_1$ 与外加电压相比很小，一般为额定电压的 $2\% \sim 5\%$，为了简化分析，可以忽略。因而近似地认为

$$\dot{U}_1 \approx -\dot{E}_1$$
$$U_1 \approx E_1 = 4.44 f_1 N_1 k_{w1} \Phi_m$$

于是电动机每极主磁通为

$$\Phi_m = \frac{E_1}{4.44 f_1 N_1 k_{w1}} \tag{4-16}$$

显然，对于确定的异步电动机，k_{w1}、N_1 均为常数，当频率一定时，主磁通 $\dot{\Phi}_m$ 与电源电压

$\dot{U}_1$ 成正比,如外施电压不变,主磁通 $\dot{\Phi}_m$ 也基本不变。这和变压器的情况相同,它是分析异步电动机运行的基本理论。

(3) 空载时的等值电路

根据式(4-15)可画出异步电动机空载运行时的等值电路,如图 4-16 所示。

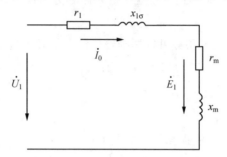

图 4-16 异步电动机空载运行时的等值电路

4.2.2 交流电动机的负载运行分析

1. 负载运行时的物理状况

异步电动机带上机械负载运行时,定、转子各物理量及相互关系可总结如下。

定子三相电流由电源送入定子绕组,转子三相电流是感应产生的;定、转子磁动势 $\dot{F}_1$ 和 $\dot{F}_2$ 相互作用体现了定、转子之间的联系,并且是在电机主磁路上发生的;定、转子磁动势还分别产生各自对应的漏磁场,并在定、转子每相绕组中感应产生漏磁电动势。此外,由于电流经绕组还会在各绕组上产生电阻压降 $I_1 r_1$ 和 $I_{2s} r_2$。

2. 负载运行时的电动势平衡方程

(1) 定子绕组电动势平衡方程

气隙主磁通 $\dot{\Phi}_m$ 在定子绕组中感应产生的电动势 $\dot{E}_1$ 为

$$\dot{E}_1 = -j4.44 f_1 N_1 k_{w1} \dot{\Phi}_m$$

$\dot{E}_1$ 还可表示成 $\dot{I}_0$ 在励磁阻抗 Z_m 上的电压降,即

$$-\dot{E}_1 = \dot{I}_0 Z_m$$

定子漏磁通 $\dot{\Phi}_{1\sigma}$ 在定子每相绕组中感应出电动势 $\dot{E}_{1\sigma}$,可以表示成 $\dot{I}_1$ 在定子漏电抗 $x_{1\sigma}$ 上的电压降,即

$$\dot{E}_{1\sigma} = -j \dot{I}_1 x_{1\sigma}$$

考虑到外加电压 $\dot{U}_1$、电阻压降 $\dot{I}_1 r_1$,应用基尔霍夫第二定律,可列出定子电压方程为

$$\dot{U}_1 = -\dot{E}_1 + \dot{I}_1 (r_1 + j x_{1\sigma}) = -\dot{E}_1 + \dot{I}_1 Z_1 \tag{4-17}$$
$$Z_1 = r_1 + j x_{1\sigma}$$

式中:Z_1——定子绕组每相漏电抗。

(2) 转子绕组电动势平衡方程

由于转子以转速 n 旋转,气隙旋转磁场以转速 n_1 旋转,所以气隙磁场以 $\Delta n = sn_1$ 的相对速度切割转子绕组,在转子绕组上引起转差频率 $f_2 = sf_1$ 的电动势 $\dot{E}_{2s}$,其大小为

$$E_{2s} = 4.44 f_2 N_2 k_{w2} \Phi_m = s(4.44 f_1 N_2 k_{w2} \Phi_m) = sE_2 \tag{4-18}$$

式中,$E_2 = 4.44 f_1 N_2 k_{w2} \Phi_m$ 为 $s=1$ 时(转子不转时 $n=0$)的转子绕组每相感应电动势。电动机运行时 $0<s<1$,所以转子转动后,每相感应电动势 E_{2s} 大小与转差率 s 成正比,s 越大,气隙磁场切割转子绕组的相对速度越大,则 E_2 越大。

转子绕组自身构成闭合回路,在 E_{2s} 的作用下,每相绕组流过电流 I_{2s},I_{2s} 产生的漏磁通在转子每相绕组中感应出漏电动势 $E_{2\sigma s}$,也可表示成在漏电抗 $x_{2\sigma s}$ 上的电压降,即

$$\dot{E}_{2\sigma s} = -j\dot{I}_{2s} x_{2\sigma s}$$
$$x_{2\sigma s} = 2\pi f_2 L_{2\sigma} = s(2\pi f_1 L_{2\sigma}) = sx_{2\sigma} \tag{4-19}$$

式中:$x_{2\sigma}$——转子不转时($s=1$)转子绕组的漏电抗;

$x_{2\sigma s}$——转子旋转时转子绕组的漏电抗。

因 $s<1$,可见随转子转动,转子每相漏电抗大小正比于转差率 s。

由于转子绕组自成闭路,E_{2s} 是转子电路内的源电动势,根据基尔霍夫定律可写出转子每相电压方程为

$$\dot{E}_{2s} = \dot{I}_{2s}(r_2 + jx_{2\sigma s}) \tag{4-20}$$

综上所述,负载运行时电动机定、转子的电路频率不相同,定、转子电路间仅靠磁通 Φ_m 耦合,无电的直接联系,可以用一个简单的电路来表示,如图 4-17(a)所示。

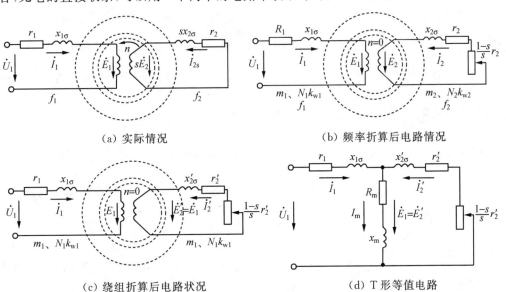

(a) 实际情况　　　　　　　　　　　　(b) 频率折算后电路情况

(c) 绕组折算后电路状况　　　　　　　(d) T 形等值电路

图 4-17　异步电动机 T 形等值电路的形成

3. 异步电动机的等值电路

在分析和计算异步电动机的运行量时,利用其等值电路来代替实际电机将简便得多。

根据转子电动势平衡方程式(4-20)可得到转子等值电路,如图4-17(a)所示。由于异步电动机定、转子之间的关系大体上与变压器的一、二次侧电磁关系相似,所以可以采用分析变压器的做法,通过折算,把定、转子电路连成统一的电路。但应注意到,变压器一、二次侧的频率是相同的,可直接进行绕组折算,而异步电动机定、转子电路频率是不相同的,显然不能连在一起,因此异步电动机的折算应先进行频率折算。

(1) 频率折算

频率折算是用静止的转子($s=1$)替代转动的转子,替代后,$f_2 = sf_1 = f_1$。由转子电压方程有

$$\dot{I}_{2s} = \frac{\dot{E}_{2s}}{r_2 + jx_{2\sigma s}} = \frac{s\dot{E}_2}{r_2 + jx_{2\sigma s}} (频率为 f_2 的转子电流) \qquad (4-21)$$

将式(4-21)分子、分母同除 s,得到

$$\dot{I}_2 = \frac{\dot{E}_2}{\frac{r_2}{s} + jx_{2\sigma}} (频率为 f_1 的转子电流) \qquad (4-22)$$

可见,$\dot{I}_{2s}$ 和 $\dot{I}_2$ 大小相等、相位相同,用 $\dot{I}_2$ 代替 $\dot{I}_{2s}$,产生的转子磁动势 $\dot{F}_2$ 是相同的;又知转子转动或者不转,转子磁动势 $\dot{F}_2$ 相对于定子固定坐标而言,其转速均为 n_1,转向均相同。所以将转子电流由 $\dot{I}_{2s}$ 变为 $\dot{I}_2$,用静止的转子替代转动的转子是可行的。

但比较 $\dot{I}_{2s}$ 与 $\dot{I}_2$ 的表达式可见,静止转子的绕组电阻由 r_2 变为 $\frac{r_2}{s}$,而 $\frac{r_2}{s} = r_2 + \frac{1-s}{s}r_2$,即静止转子的相绕组中电阻增加了 $\frac{1-s}{s}r_2$,转子电流 $\dot{I}_2$ 会在该电阻上增加附加铜损耗 $m_2 I_2^2 \frac{1-s}{s} r_2$,它是因将转动转子"等效"为静止转子而增加的损耗。由于静止转子轴上不可能输出机械功率,所以从能量守恒观点来看,附加电阻 $\frac{1-s}{s}r_2$ 上的损耗代表了原转子转动时轴上总机械功率。相应地,电阻 $\frac{1-s}{s}r_2$ 称为模拟机械功率的等效电阻。

模拟电阻 $\frac{1-s}{s}r_2$ 的大小与转差率 s 有关,在电动机状态时,s 增大(负载增大,转速降低),则 $\frac{1-s}{s}r_2$ 减小,因此转子电流增大,这是符合实际情况的。频率折算后的电路如图4-17(b)所示。

(2) 绕组折算

转子绕组折算就是用一个和定子绕组具有相同相数 m_1、匝数 N_1 及绕组系数 k_{w1} 的等效绕组来代替原来的相数为 m_2、匝数为 N_2 及绕组系数为 k_{w2} 的实际转子绕组。其折算原则和方法与变压器基本相同,转子侧各电磁量折算到定子侧时,转子电动势、电压乘以电动势变比 k_e;转子电流除以电流变比 k_i;转子电阻、电抗及阻抗乘以阻抗变比 $k_e k_i$。分析从略。由此可推导出经频率和绕组折算后的定、转子等效电路,如图4-17(c)所示。最后得到异步电

动机 T 形等值电路,如图 4-17(d)所示。

任务 4.3　三相异步电动机的电磁分析

【任务设置】

交流电动机在运行时,能量守恒和受力平衡是怎样体现的?工作特性如何?能否将复杂的电磁过程简化为纯电路?

【任务目标】

① 掌握交流电动机的能量守恒和转矩平衡。
② 掌握电磁转矩表达式。
③ 了解交流电动机的工作特性。

【相关知识】

4.3.1　三相异步电动机的平衡方程

电磁转矩是异步电动机实现机电能量转换的关键。本节从分析功率平衡关系入手,应用等值电路,推导出电磁转矩的表达式。

1. 功率平衡方程式

异步电动机运行时,把输入到定子绕组中的电功率转化为转子轴上输出的机械功率。电机在实现机电能量转换的过程中,必然会产生各种损耗。根据能量守恒定律,输出的机械功率应等于输入的功率减去损耗。

(1) 输入电功率 P_1

异步电动机由电网向定子输入的电功率 P_1 为

$$P_1 = m_1 U_1 I_1 \cos \varphi_1 \tag{4-23}$$

式中:U_1、I_1——定子绕组的相电压、相电流;

$\cos \varphi_1$——异步电动机的功率因数。

(2) 功率损耗

① 定子铜损耗 p_{Cu1}。

电流 I_1 通过定子绕组时,在定子绕组电阻上的功率损耗称为定子铜损耗,即

$$p_{Cu1} = m_1 I_1^2 r_1 \tag{4-24}$$

② 铁芯损耗 p_{Fe}。

由于异步电动机正常运行时,额定转差率很小,转子频率很低,一般为 1~3 Hz,转子铁

损耗很小,可略去不计,定子铁损耗实际上就是整个电动机的铁芯损耗,根据 T 形等值电路可知,电动机铁损耗为

$$p_{Fe} = m_1 I_0^2 r_m \tag{4-25}$$

③ 转子铜损耗 p_{Cu2}。

根据 T 形等值电路可知,电动机转子铜损耗为

$$p_{Cu2} = m_1 I_2'^2 r_2' \tag{4-26}$$

④ 机械损耗 p_Ω 及附加损耗 p_{add}。

机械损耗是由于通风、轴承摩擦等产生的损耗;附加损耗产生于电动机定、转子铁芯存在的齿槽以及高次谐波磁动势的影响,在定、转子铁芯中产生的损耗。只要电动机转动,这两种损耗就始终存在,两者合称为空载损耗,记为 p_0。

$$p_0 = p_\Omega + p_{add} \tag{4-27}$$

(3)电磁功率 P_M

输入电功率减去定子铜损耗和铁损耗后,便为由气隙旋转磁场通过电磁感应传递到转子的电磁功率 P_M。

$$P_M = P_1 - p_{Cu1} - p_{Fe} \tag{4-28}$$

由 T 形等值电路来考虑能量传递关系,输入功率 P_1 减去 r_1 和 r_m 上的损耗 p_{Cu1} 和 p_{Fe} 后,应等于在电阻 $\dfrac{r_2'}{s}$ 上所消耗的功率,即

$$P_M = m_1 E_2' I_2' \cos \varphi_2 = m_1 I_2'^2 \frac{r_2'}{s} \tag{4-29}$$

(4)总机械功率 P_Ω

电磁功率减去转子绕组的铜损耗后,就是电动机转子上的总机械功率,即

$$P_\Omega = P_M - p_{Cu2} = m_1 I_2'^2 \frac{1-s}{s} r_2' = (1-s) P_M \tag{4-30}$$

式(4-30)说明,转差率 s 越大,电磁功率消耗在转子铜损耗中的比重就越大,电动机效率就越低。

(5)输出机械功率 P_2

总机械功率减去机械损耗 p_Ω 和附加损耗 p_{add} 后,就是转子输出的机械功率 P_2,即

$$P_2 = P_\Omega - (p_\Omega + p_{add}) = P_\Omega - p_0 \tag{4-31}$$

功率平衡方程式为

$$P_2 = P_1 - (p_{Cu1} + p_{Fe} + p_{Cu2} + p_\Omega + p_{add}) = P_1 - \sum p \tag{4-32}$$

例 4-3 一台三相异步电动机的额定数据为:$U_N = 380$ V,$f_N = 50$ Hz,$P_N = 7.5$ kW,$n_N = 962$ r/min,定子绕组为三角形连接,$\cos\varphi_N = 0.827$,$p_{Cu1} = 470$ W,$p_{Fe} = 234$ W,$p_{add} = 80$ W,$p_\Omega = 45$ W。求:

(1)电动机极数;

(2)额定运行时的 s_N 和 f_2;

(3)转子铜损耗 p_{Cu2};

(4) 效率 η；

(5) 定子电流 I_1。

解 (1) $n_N=962$ r/min 的电动机，其同步转速 $n_1=1\,000$ r/min。

$p=\dfrac{60f_N}{n_1}=\dfrac{60\times 50}{1\,000}=3$，电动机是 6 极电机。

(2) $s_N=\dfrac{n_1-n_N}{n_1}=\dfrac{1\,000-962}{1\,000}=0.038$，$f_2=s_Nf_1=0.038\times 50=1.9$ Hz。

(3) $P_M=P_N+p_\Omega+p_{add}=(7\,500+45+80)W=7\,625$ W，

由 $P_M:P_\Omega:p_{Cu2}=1:(1-s_N):s_N$，就有

$\dfrac{p_{Cu2}}{P_M}=\dfrac{s_N}{1-s_N}$，$p_{Cu2}=\dfrac{s_N}{1-s_N}P_M=\dfrac{0.038}{1-0.038}\times 7\,625$ W≈ 301 W

(4) $P_1=P_N+p_{Cu1}+p_{Fe}+p_{Cu2}+p_\Omega+p_{add}$

$=(7\,500+470+234+301+45+80)W\approx 8\,630$ W

$$\eta_N=\dfrac{P_N}{P_1}=\dfrac{7\,500}{8\,630}\approx 0.87$$

(5) 定子电流 $I_1=\dfrac{P_1}{\sqrt{3}U_N\cos\varphi_N}=\dfrac{8\,630}{\sqrt{3}\times 380\times 0.872}$ A≈ 15.86 A。

2. 转矩平衡方程式

功率等于转矩与角速度的乘积，即 $P=T\Omega$，在式(4-32)两边同除以机械角速度 Ω $\left(\Omega=\dfrac{2\pi n}{60}\text{rad/s}\right)$，可得转矩平衡方程式为

$$T_2=T_{em}-T_0 \text{ 或 } T_{em}=T_2+T_0 \tag{4-33}$$

式中：T_{em}——电磁转矩；

T_2——负载转矩；

T_0——空载转矩。

式(4-33)表明，当电动机稳定运行时，驱动性质的电磁转矩和制动性质的负载转矩及空载转矩相平衡。

4.3.2 电磁转矩

1. 电磁转矩物理表达式

$$T_{em}=\dfrac{P_\Omega}{\Omega}=\dfrac{m_1I_2'^2\dfrac{1-s}{s}r'}{2\pi\dfrac{n}{60}}=\dfrac{m_1I_2'^2\dfrac{1-s}{s}r'}{2\pi\dfrac{(1-s)n_1}{60}}=\dfrac{m_1I_2'^2\dfrac{r'}{s}}{2\pi\dfrac{n_1}{60}}=\dfrac{P_M}{\Omega_1} \tag{4-34}$$

$$\Omega_1=\dfrac{2\pi n_1}{60}=\dfrac{2\pi f_1}{p}$$

式中：Ω_1——同步角速度。

由式(4-29)和式(4-34)可得

$$T_{em} = \frac{P_M}{\Omega_1} = \frac{m_1 \times 4.44 f_1 N_1 k_{w1} \Phi_m I'_2 \cos\varphi_2}{2\pi \frac{f_1}{p}} = C_T \Phi_m I'_2 \cos\varphi_2 \tag{4-35}$$

$$C_T = \frac{m_1 p \times 4.44 N_1 k_{w1}}{2\pi}$$

式中：C_T——转矩常数，与电机结构有关。

式(4-35)表明，电磁转矩是转子电流的有功分量与气隙主磁场相互作用产生的。若电源电压不变，每极磁通为一定值，电磁转矩大小与转子电流的有功分量成正比。

2. 电磁转矩参数表达式

式(4-35)比较直观地表示了电磁转矩形成的物理概念，常用于定性分析。为便于计算，需推导出电磁转矩的另一表达式——参数表达式。

根据异步电动机简化的等值电路，可得转子电流：

$$I'_2 = \frac{U_1}{\sqrt{\left(r_1 + \frac{r'_2}{s}\right)^2 + (x_1 + x'_{2\sigma})^2}} \tag{4-36}$$

将式(4-36)代入式(4-34)可得电磁转矩的参数表达式：

$$T_{em} = \frac{P_M}{\Omega_1} = \frac{m_1 I'^2_2 \frac{r'_2}{s}}{2\pi \frac{f_1}{p}} = \frac{m_1 p U_1^2 \frac{r'_2}{s}}{2\pi f_1 \left[\left(r_1 + \frac{r'_2}{s}\right)^2 + (x_1 + x'_{2\sigma})^2\right]} \tag{4-37}$$

式中：U_1——加在定子绕组上的相电压(V)；

r_1、r'_2——定、转子绕组电阻(Ω)；

x_1、$x'_{2\sigma}$——定、转子漏电抗(Ω)；

T_{em}——电磁转矩(N·m)。

参数表达式表明了转矩与电压、频率、电机参数及转差率的关系。

例 4-4 已知一台三相异步电动机的数据为：$P_N = 17$ kW，$U_N = 380$ V，定子绕组为三角形连接，4极，$I_N = 19$ A，$f_N = 50$ Hz。额定运行时，定子铜损耗 $p_{Cu1} = 470$ W，转子铜损耗 $p_{Cu2} = 500$ W；铁损耗 $p_{Fe} = 450$ W，机械损耗 $p_\Omega = 150$ W，附加损耗 $p_{add} = 200$ W。试求：

(1) 电动机的额定转速 n_N；

(2) 负载转矩 T_2；

(3) 空载转矩 T_0；

(4) 电磁转矩 T_{em}。

解 (1) $P_M = P_N + p_{Cu2} + p_\Omega + p_{add} = (17\,000 + 500 + 150 + 200)$W $= 17\,850$ W

$s_N = \frac{p_{Cu2}}{P_M} = \frac{500}{17\,850} \approx 0.028$

$n_N = n_1(1 - s_N) = 1\,500 \times (1 - 0.028)$r/min $= 1\,458$ r/min

(2) 负载转矩 $T_2 = 9\,550 \times \frac{P_N}{n_N} = 9\,550 \times \frac{17}{1\,458}$ N·m ≈ 111.35 N·m

(3) 空载转矩 $T_0 = 9\,550 \times \dfrac{p_0}{n_N} = 9\,550 \times \dfrac{p_\Omega + p_{add}}{n_N} = 9\,550 \times \dfrac{0.15 + 0.2}{1\,485}\ \text{N·m} \approx 2.29\ \text{N·m}$

(4) 电磁转矩 $T_{em} = T_2 + T_0 = (111.35 + 2.29)\ \text{N·m} = 113.64\ \text{N·m}$

4.3.3 三相异步电动机的工作特性

在额定电压和额定频率下，电动机的转速 n、输出转矩 T_2、定子电流 I_1、功率因数 $\cos\varphi_1$、效率 η 与输出功率 P_2 的关系曲线称为异步电动机的工作特性。

1. 转速特性

电动机转速 n 与输出功率 P_2 之间的关系曲线 $n = f(P_2)$，称为转速特性曲线，如图 4-18 所示。空载时，输出功率 $P_2 = 0$，转子转速接近于同步转速，$s \approx 0$；当负载增加时，随负载转矩增加，转速 n 下降，额定运行时，转差率较小，一般在 0.01～0.06 范围内，相应的转速随负载变化不大，与同步转速 n_1 接近，故曲线 $n = f(P_2)$ 是一条稍微向下倾斜的曲线。

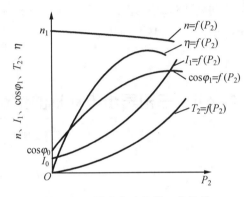

图 4-18 异步电动机的工作特性

2. 定子电流特性

异步电动机定子电流 I_1 与输出功率 P_2 之间的关系曲线 $I_1 = f(P_2)$，称为定子电流特性曲线。空载时，转子电流 $I_2 \approx 0$，所以 $I_1 = I_0$。随负载增大，转速 n 下降，I_2 增大，则由 $\dot{I}_1 = \dot{I}_0 + (-\dot{I}_2')$ 可知，I_1 相应增大，故曲线是上升的。

3. 转矩特性

输出转矩 T_2 与输出功率 P_2 之间的关系曲线 $T_2 = f(P_2)$，称为转矩特性曲线。异步电动机的输出转矩为 $T_2 = \dfrac{P_2}{\Omega} = \dfrac{P_2}{\dfrac{2\pi n}{60}}$。空载时，$P_2 = 0$，$T_2 = 0$。随着输出功率 P_2 的增加，转速 n 略有下降。由于电动机从空载到额定负载这一正常范围内运行时，转速 n 变化很小，故转矩特性曲线 $T_2 = f(P_2)$ 近似为一稍微上翘的直线。

4. 定子功率因数特性

异步电动机定子功率因数 $\cos\varphi_1$ 与输出功率 P_2 之间的关系曲线 $\cos\varphi_1 = f(P_2)$，称为定子功率因数特性曲线。电动机带负载稳定运行时，必须从电网中吸收滞后的无功功率，因此它的功率因数总是滞后的。空载时，$\cos\varphi_1$ 一般不超过 0.2。当负载增大时，定子电流中有功电流部分增大,从而使 $\cos\varphi_1$ 提高,在额定负载附近有最高值。当负载继续增大,由于 s 值大很多,会使转子功率因数角 $\varphi_2=\arctan\dfrac{sx_2}{r_2}$ 变大,从而又使 $\cos\varphi_1$ 变小。

5. 效率特性

电动机效率 η 与输出功率 P_2 之间的关系曲线 $\eta=f(P_2)$,为效率特性曲线。电机空载时无输出,$P_2=0$,$\eta=0$,此时电机只存在不变损耗;随着 P_2 增加,电机铜损耗虽增加,但总损耗中不变损耗仍占较大份额,故 η 随 P_2 增大而增大;当不变损耗等于可变损耗时,η 有最大值。此后继续增大 P_2,因可变损耗按 I^2 关系增大,η 开始下降。通常设计电机时往往使 $0.75P_N$ 左右时有最大效率。

由以上分析可见,三相异步电动机在额定功率附近的效率、功率因数均较高,因此选用电动机时,应尽量做到电动机容量与负载相匹配。如果选用的电动机容量过大,不仅增加了购置费用,而且电动机长期处在较低 $\cos\varphi_1$ 和 η 状态下运行,很不经济。反之,如果选用的电动机容量过小,则电动机会长期处在过载状态工作,不仅 $\cos\varphi_1$ 和 η 较低,更主要的是会使电机温升超过允许值,而影响电动机寿命,甚至损坏电机。

任务 4.4　三相异步电动机的维修与维护

【任务设置】

了解三相异步电动机的使用注意事项;掌握三相异步电动机的维护方法;掌握电枢绕组、换向器、电刷的故障检修方法。

【任务目标】

① 了解三相异步电动机的使用注意事项。
② 掌握三相异步电动机的维护方法。
③ 了解三相异步电动机常见故障的检修。
④ 掌握电枢绕组、换向器、电刷的故障检修方法。
⑤ 培养学生的思维拓展能力。

【相关知识】

4.4.1　三相异步电动机的使用与维护

1. 三相异步电动机使用时应注意的问题

① 使用三相异步电动机之前,要详细对照铭牌,按照铭牌使电压、频率、功率、转速等与

实际相符。

② 在使用电动机前，要进行外部机械检查，注意各部件是否完好，螺钉是否松动，检查有无杂物，转子是否能转动，可用手轻轻转动转子，检查轴承润滑情况，注意有无杂音与摩擦，检查合格后方能通电工作。

③ 电动机在使用前，应用 500 V 兆欧表检查电动机的绝缘情况。

④ 检查线路电压与电动机额定电压是否相符，线路电压的变动不应超出电动机额定电压的±5%。

⑤ 电动机在运行前应装保护接地线或中性线。

⑥ 检查线路连接是否正确，各接触点是否接触良好，保护设备是否完好，熔体额定电流应为电动机额定电流的 1.5～2.5 倍。

⑦ 若用皮带轮传动，必须检查两转轴几何中心线是否平行，皮带松紧要适当，过紧会使电动机轴加快损坏，过松则容易使皮带打滑。

⑧ 如果用联轴器直接耦合，应注意两转轴几何中心线要在一条直线上，否则易使轴承损坏或使电动机发生振动。

⑨ 检查完毕后，电动机应按照电动机铭牌上定子绕组的接线方式连接好，可先接通电源空载运转，查看旋转方向与实际要求是否一致。如果不一致，可先将电源断开，然后打开接线盒，将电源引入线的任意两根换接一下。

⑩ 电动机在使用过程中，应经常注意防潮防尘，保持电动机风道畅通，所有机械连接部分要紧固牢靠，电气接触点要保持清洁，接触良好。

2. 电动机启动时应注意的问题

① 接通电源后，发现电动机不转，应立即断开电源，查明原因，方能再次启动，不允许带电检查电动机不转的原因。

② 如果采用自耦变压器降压启动或利用 Y－△转换器启动电动机，特别要注意按操作顺序进行操作，用自耦变压器启动时要先将手柄推到"启动"位置，待电动机转速稳定后，再迅速拉到"运转"位置。

③ 在同一线路上的电动机，特别是容量较大的电动机，不允许同时启动。

④ 电动机启动后要观察电动机的旋转方向是否符合机械负载要求，如水泵、浆泵上面标有方向铭牌，看看是否一致。

⑤ 电动机的启动次数应尽可能少，空载连续启动不能超过 3～5 次/min，电动机长期运行停机后再启动，其连续次数不应超过 2～3 次/min。

⑥ 电动机在启动后，要注意观察电动机电压是否正常，电流是否适当，三相电流是否平衡，传动负载工作是否正常，运行声音是否正常，如发现问题应及时停机，待查明原因、排除故障后方能运行。

3. 电动机运行中的监视

(1) 电压监视

电源电压与额定电压的偏差不超过±5%，三相电压不平衡度不超过 1.5%。

(2) 电流监视

用钳形电流表测量电动机的电流,对较大的电动机还要经常观察运行中电流是否三相平衡或超过允许值。

(3) 轴承监视

注意电动机的轴承运行声音是否正常,观察有无发热现象,观察润滑情况以及摩擦情况是否正常。

(4) 温度监视

用手触及外壳,看电动机是否过热(烫手),如发现过热,可在电动机外壳上滴几滴水,如水急剧汽化,说明电动机显著过热。

(5) 机组传动监视

检查皮带连接处是否良好,皮带松紧是否合适,机组转动是否灵活,有无卡位、窜动及不正常的现象等。

(6) 振动监视

注意电动机响声是否正常,是否有焦臭气味,检查电动机各部件螺钉是否拧紧,如松动应紧固电动机螺钉及机座、小盖螺钉。

(7) 其他情况

检查电动机接线是否符合要求,外壳是否可靠接地或接中性线。定期在断开电源的情况下,用兆欧表测量电动机绕组的绝缘电阻。

4. 电动机的保养知识

(1) 电动机轴承的清洗与加油

清洗轴承时首先刮去钢珠上的废油,擦去残余的油。

(2) 清除电动机内部尘垢

有条件时可用压缩空气清除电动机绕组表面灰尘。

4.4.2 三相异步电动机常见故障维修

1. 三相异步电动机故障分析的一般程序

(1) 了解情况

向用户或操作人员了解电动机发生故障前的运行情况、故障发生时的异常表现,并通过电动机的铭牌或相关的技术资料了解该电动机的型号、技术数据和设备运行特点等。

(2) 外观检查

电动机断电后外观检查工作可分两步进行。

① 仔细检查供电线路上的电源电压、频率等是否符合电动机的规定,电源开关各接线端口是否锈蚀氧化或松动,各相熔断器是否有熔断或松脱现象,熔体规格是否满足电动机启动及运行时电流的要求,电动机电源引线选择是否合理,电动机接线柱连接是否可靠,三相异步电动机首尾端连接方式是否符合电动机铭牌的规定等。

② 查看电动机外观有无明显的机械损伤;现场有无焦臭味;电动机冷却后用手转动传

动部件,看电动机转子是否卡死,或有无其他异常声响。

(3) 绝缘检查

用 500 V 以上兆欧表检查电动机绕组是否对机壳短路或相间短路。

(4) 试车分析

若经过以上初步检查未发现故障原因,可试通电观察。

2. 电动机常见故障分析与处理方法

(1) 通电后电动机不能转动,但无异响,也无异味和冒烟

① 故障原因。

a. 电源未通(至少两相未通)。

b. 熔丝熔断(至少两相熔断)。

c. 过流继电器调得过小。

d. 控制设备接线错误。

② 故障排除。

a. 检查电源回路开关,熔丝、接线盒处是否有断点,若有则修复。

b. 检查熔丝型号是否正确,是否熔断,若有问题则换新熔丝。

c. 调节继电器整定值与电动机配合。

d. 改正接线方式。

(2) 通电后电动机不转,然后熔丝烧断

① 故障原因。

a. 缺一相电源或定子线圈一相反接。

b. 定子绕组相间短路。

c. 定子绕组接地。

d. 定子绕组接线错误。

e. 熔丝截面积过小。

f. 电源线短路或接地。

② 故障排除。

a. 检查刀闸是否有一相未合好,电源回路可能有一相断线;消除反接故障。

b. 查出短路点,予以修复。

c. 消除接地故障。

d. 查出误接,予以更正。

e. 更换熔丝。

(3) 通电后电动机不转,有嗡嗡声

① 故障原因。

a. 定子、转子绕组有断路(一相断线)或电源一相断电。

b. 绕组引出线首尾端接错或绕组内部接反。

c. 电源回路接点松动,接触电阻大。

d. 电动机负载过大或转子卡住。

　　e. 电源电压过低。

　　f. 小型电动机装配太紧或轴承内油脂过硬。

　　g. 轴承卡住。

　② 故障排除。

　　a. 查明断点,予以修复。

　　b. 检查绕组极性;判断绕组首尾端接线是否正确。

　　c. 紧固松动的接线螺钉,用万用表判断各接头是否假接。

　　d. 减载或查出并消除机械故障。

　　e. 检查是否把规定的△形接法误接为Y形;是否由于电源导线过细使电压降过大,若是则予以纠正。

　　f. 重新装配使之灵活;更换合格油脂。

　　g. 修复轴承。

（4）电动机启动困难,额定负载时,电动机转速低于额定转速较多

　① 故障原因。

　　a. 电源电压过低。

　　b. △形接法的电动机误接为Y形。

　　c. 笼型转子开焊或断裂。

　　d. 定子、转子局部线圈错接或接反。

　　e. 修复电动机绕组时增加的匝数过多。

　　f. 电动机过载。

　② 故障排除。

　　a. 测量电源电压,设法改善。

　　b. 纠正错误接法。

　　c. 检查开焊和断点并修复。

　　d. 查出误接处,予以改正。

　　e. 恢复正确匝数。

　　f. 减载。

（5）电动机空载电流不平衡,三相相差大

　① 故障原因。

　　a. 重绕时,定子三相绕组匝数不相等。

　　b. 绕组首尾端接错。

　　c. 电源电压不平衡。

　　d. 绕组存在匝间短路、线圈反接等故障。

　② 故障排除。

　　a. 重新绕制定子绕组。

b. 检查首尾端接线并纠正。

c. 测量电源电压,设法消除不平衡。

d. 消除绕组故障。

(6) 电动机空载、过负载时,电流表指针不稳、摆动

① 故障原因。

a. 笼型转子导条开焊或断条。

b. 绕线转子故障(一相断路)或电刷、集电环短路装置接触不良。

② 故障排除。

a. 查出断条,予以修复或更换转子。

b. 检查绕线转子回路并加以修复。

(7) 电动机空载电流平衡,但数值大

① 故障原因。

a. 修复时,定子绕组匝数减少得过多。

b. 电源电压过高。

c. Y形接法的电动机误接为△形。

d. 电动机装配时,转子装反,使定、转子铁芯未对齐,有效长度变短。

e. 气隙过大或不均匀。

f. 大修拆除旧绕组时,使用热拆法不当,使铁芯烧损。

② 故障排除。

a. 重绕定子绕组,恢复正确匝数。

b. 设法恢复额定电压。

c. 改接为 Y 形。

d. 重新装配。

e. 更换新转子或调整气隙。

f. 检修铁芯或重新计算绕组,适当增加匝数。

(8) 电动机运行时有异响

① 故障原因。

a. 转子与定子绝缘纸或槽楔相摩擦。

b. 轴承磨损或油内有砂粒等异物。

c. 定子、转子铁芯松动。

d. 轴承缺油。

e. 风道被填塞或风扇摩擦风罩。

f. 定子、转子铁芯相擦。

g. 电源电压过高或不平衡。

h. 定子绕组错接或短路。

② 故障排除。

a. 修剪绝缘纸,削低槽楔。

b. 更换轴承或清洗轴承。

c. 检修定子、转子铁芯。

d. 加油。

e. 清理风道,重新安装。

f. 消除擦痕,必要时车小转子。

g. 检查并调整电源电压。

h. 消除定子绕组故障。

(9) 运行中电动机振动较大

① 故障原因。

a. 由于磨损,轴承间隙过大。

b. 气隙不均匀。

c. 转子不平衡。

d. 转轴弯曲。

e. 铁芯变形或松动。

f. 联轴器(皮带轮)中心未校正。

g. 风扇不平衡。

h. 机壳或基础强度不够。

i. 电动机底脚螺钉松动。

j. 笼型转子开焊断路;绕线转子断路;定子绕组故障。

② 故障排除。

a. 检修轴承,必要时更换新轴承。

b. 调整气隙,使之均匀。

c. 校正转子动平衡。

d. 校直转轴。

e. 校正重叠铁芯。

f. 重新校正,使之符合规定。

g. 检修风扇,校正平衡,纠正其几何形状。

h. 进行加固。

i. 紧固底脚螺钉。

j. 修复转子绕组;修复定子绕组。

(10) 轴承过热

① 故障原因。

a. 润滑脂过多或过少。

b. 油质不好,含有杂质。

c. 轴承与轴颈或端盖配合不当(过松或过紧)。

d. 轴承内孔偏心,与轴相摩擦。

e. 电动机端盖或轴承盖未装平。

f. 电动机与负载间联轴器未校正,或皮带过紧。

g. 轴承间隙过大或过小。

h. 电动机轴弯曲。

② 故障排除。

a. 按规定加润滑脂$\left(容积的\frac{1}{3}\sim\frac{2}{3}\right)$。

b. 更换清洁的润滑脂。

c. 过松,可用黏结剂修复;过紧,应车、磨轴颈或端盖内孔,使之适合。

d. 修理轴承盖,消除擦点。

e. 重新装配。

f. 重新校正,调整皮带张力。

g. 更换新轴承。

h. 校正电动机轴或更换转子。

(11) 电动机过热甚至冒烟

① 故障原因。

a. 电源电压过高,使铁芯发热大大增加。

b. 电源电压过低,电动机又带额定负载运行,电流过大使绕组发热。

c. 修理拆除绕组时,采用热拆法不当,烧伤铁芯。

d. 定子、转子铁芯相擦。

e. 电动机过载或频繁启动。

f. 笼型转子断条。

g. 电动机缺相,两相运行。

h. 重绕后定子绕组浸漆不充分。

i. 环境温度高,电动机表面污垢多,或通风道被堵塞。

j. 电动机风扇故障,通风不良;定子绕组故障(相间、匝间短路,定子绕组内部连接错误)。

② 故障排除。

a. 降低电源电压(如调整供电变压器分接头),若是由于电动机 Y 形或△形接法错误引起的,则应改正接法。

b. 提高电源电压或换用更粗的供电导线。

c. 检修铁芯,排除故障。

d. 消除擦点(调整气隙或挫、车转子)。

e. 减载,按规定次数控制启动。

f. 检查并消除转子绕组故障。

g. 恢复三相运行。

h. 采用二次浸漆及真空浸漆工艺。
i. 清洗电动机,改善环境温度,采用降温措施。
j. 检查并修复风扇,必要时更换;检修定子绕组,消除故障。

小 结

异步电动机的主要结构部件是定子和转子。定子的作用是通入三相交流电后产生旋转磁场;转子的作用是产生感应电流及形成电磁转矩,实现机电能量的转换。异步电动机为交流励磁,为了减小励磁电流,提高功率因数,其气隙通常较小,为 0.2～2 mm。

异步电动机根据转子结构不同分为笼型和绕线式两类。笼型异步电动机结构简单、价格便宜,但其启动性能和调速性能不及绕线式异步电动机。

三相异步电动机是靠电磁感应作用来工作的,其转子电流是感应产生的,故也称异步电动机为感应式电机。

转差率 s 是异步电动机的一个重要参数,它的存在是异步电动机工作的必要条件。根据转差率的大小和正负可区分异步电动机的运行状态。按转差率的不同,异步电动机可分为三种运行状态:电动机运行状态($0<s<1$)、发电机运行状态($-\infty<s<0$)和电磁制动状态($1<s<+\infty$)。

异步电动机额定频率 P_N 为额定运行状态下,转子转轴上输出的机械功率,即

$$P_N = \sqrt{3} U_N I_N \cos\varphi_N \eta_N$$

异步电动机定、转子之间的电磁关系与变压器一、二次侧的电磁关系很相似,定子相当于变压器的一次侧,转子相当于变压器的二次侧。因此,异步电动机的分析方法和变压器的分析方法也基本相同。只是异步电动机是旋转的,同时定、转子回路的频率在运行时也不同,因此,分析过程比变压器复杂些。另外,异步电动机存在能量转换,转轴上输出机械功率,还必须重点分析其电磁转矩。在学习中,须注意以下几个问题:

① 在异步电动机中,不管转子的转速如何,定子磁动势和转子磁动势总保持相对静止。这是产生恒定电磁转矩、实现能量转换的前提。

② 要作出异步电动机的等值电路,必须进行频率折算和绕组折算。频率折算实际上就是用静止的转子串入一个附加电阻 $\dfrac{1-s}{s}r_2$ 来等效代替实际旋转的转子,附加电阻 $\dfrac{1-s}{s}r_2$ 就是电动机的总机械功率的等效电阻。

③ 电磁转矩是异步电动机实现机电能量转换的关键,是电动机很重要的一个物理量。其物理表达式表明电磁转矩是转子电流有功分量与气隙主磁场作用产生的,其参数表达式反映了电磁转矩与电压、频率、电机参数和转差率之间的关系。这两个表达式可在不同场合下分析异步电动机的运行情况。

思考与练习题

4-1 三相笼型异步电动机主要由哪些部分组成？各部分的作用是什么？

4-2 三相异步电动机的定子绕组在结构上有什么要求？

4-3 简述三相异步电动机的工作原理。

4-4 当异步电动机的机械负载增加时，为什么定子电流会随着转子电流的增加而增加？

4-5 什么是静差率？它与哪些因素有关？

4-6 三相异步电动机 T 形等值电路的参数主要通过什么实验来测定？

4-7 试简述三相异步电动机的运行性能优劣主要通过哪些技术指标来反映。

4-8 三相异步电动机的电磁功率、转子铜损耗和机械功率之间在数量上存在着什么关系？

4-9 一台三相异步电动机的 $f_N=50$ Hz，$n_N=960$ r/min，该电动机的额定转差率是多少？另有一台 4 极三相异步电动机，其转差率 $s_N=0.03$，那么它的额定转速是多少？

4-10 某三相异步电动机的铭牌数据如下：$U_N=380$ V，$I_N=15$ A，$P_N=7.5$ kW，$\cos\varphi_N=0.83$，$n_N=960$ r/min。试求电动机的额定效率 η_N。

4-11 一台三相异步电动机的铭牌标明其额定频率 $f_N=50$ Hz，额定转速 $n_N=965$ r/min，问该电动机的极对数和额定转差率为多少？若另一台三相异步电动机的极数为 $2p=10$，$f_N=50$ Hz，转差率 $s_N=0.04$，问该电动机的额定转速为多少？

4-12 一台三相异步电动机的额定数据为：$U_N=380$ V，$f_N=50$ Hz，$P_N=7.5$ kW，$n_N=962$ r/min，定子绕组为三角形连接，$\cos\varphi_N=0.827$，$p_{Cu1}=470$ W，$p_{Fe}=234$ W，$p_{add}=80$ W，$p_\Omega=45$ W。试求：

(1) 电动机的极数；

(2) 额定运行时的 s_N 和 f_2；

(3) 转子铜损耗 p_{Cu2}；

(4) 效率 η；

(5) 定子电流 I_1。

4-13 一台三相六极异步电动机的额定数据为：$U_{1N}=380$ V，$f_1=50$ Hz，$P_N=7.5$ kW，$n_N=962$ r/min，$\cos\varphi_{1N}=0.827$，定子绕组 D 接。定子铜损耗为 470 W，铁损耗为 234 W，机械损耗为 45 W，附加损耗为 80 W。计算在额定负载时的转差率、转子电流频率、转子铜损耗、效率及定子电流。

项目 5　三相异步电动机的电力拖动

与直流电动机相比,异步电动机具有结构简单、运行可靠、价格低、维护方便等一系列优点,因此异步电动机被广泛应用在电力拖动系统中。尤其是随着电力电子技术的发展和交流调速技术的日益成熟,异步电动机在调速性能方面完全可与直流电动机相媲美。目前,异步电动机的电力拖动已被广泛应用在各个工业电气自动化领域中,并逐步成为电力拖动的主流。

电动机接上电源,从静止状态到稳定运行状态的过程,称为电动机的启动过程,简称启动。但是在实际的启动过程中,由于启动电流较大,启动转矩较小,可能引起电网电压显著下降,甚至会损坏电动机或接在电网上的其他电气设备,因此启动是异步电动机运行的重要问题之一。

实际生产中,还常要求电动机的转速能够调节,简称调速。异步电动机由于结构简单、价格低廉、运行可靠,故应用广泛,但其调速性能较差。

任务 5.1　三相异步电动机的机械特性

【任务设置】

现有一台三相异步交流电动机,如何绘制电动机的机械特性曲线?根据机械特性曲线,请分析电动机的启动性能。

【任务目标】

① 掌握三相异步电动机的固有机械特性和人为机械特性。
② 能运用机械特性曲线分析三相异步电动机转速、转矩的变化规律。

【相关知识】

5.1.1　电磁转矩表达式

三相异步电动机的机械特性是指在定子电压、频率和参数固定的条件下,电磁转矩 T_{em}

与转速 n(或转差率 s)之间的函数关系。机械特性有三种表达形式。

1. 物理表达式

异步电动机的电磁转矩公式为

$$T_{em} = C_T \Phi_m I_r \cos\varphi_2 \tag{5-1}$$

在异步电动机等效电路中,由于励磁阻抗比定、转子漏阻抗大很多,可以近似把 T 形等效电路中励磁阻抗这一段电路认为是开路,故有

$$I'_r = \frac{U_1}{\sqrt{\left(R_s + \frac{R'_r}{s}\right)^2 + (X_s + X'_{r0})^2}} \tag{5-2}$$

此时功率因数为

$$\cos\varphi_2 = \frac{R'_r}{\sqrt{R'^2_r + (sX'_{r0})^2}} \tag{5-3}$$

由式(5-2)和式(5-3)可间接地得到异步电动机的机械特性关系 $n = f(T_{em})$。虽然由式(5-1)不能直接得到异步电动机的机械特性关系,但因其在形式上与直流电动机的转矩方程相似,物理概念清楚,因此被称为机械特性的物理表达式。

2. 参数表达式

根据异步电动机电磁转矩与电磁功率的关系,可以写出电磁转矩 T_{em} 与转子电流 I'_r 的关系为

$$T_{em} = \frac{P_{em}}{\omega_1} = \frac{3I'^2_r \frac{R'_r}{s}}{\frac{2\pi n_1}{60}} = \frac{3I'^2_r \frac{R'_r}{s}}{\frac{2\pi f_1}{n_p}}$$

将式(5-2)代入上式中,得到

$$T_{em} = \frac{3U^2_1 \frac{R'_r}{s}}{\frac{2\pi n_1}{60}\left[\left(R_s + \frac{R'_r}{s}\right)^2 + (X_s + X'_{r0})^2\right]} = \frac{3n_p U^2_1 \frac{R'_r}{s}}{2\pi f_1\left[\left(R_s + \frac{R'_r}{s}\right)^2 + (X_s + X'_{r0})^2\right]} \tag{5-4}$$

在式(5-4)中,固定 U_1、f_1 及阻抗等参数,电磁转矩只是转差率的函数,也就是异步电动机的机械特性关系 $T_{em} = f(s)$。这里,电磁转矩方程是以异步电动机参数的形式表示的,便于根据电动机参数进行计算,因此称为机械特性的参数表达式。根据 $T_{em} = f(s)$ 画成曲线,便为 T_{em}-s 曲线。

3. 实用表达式

实际应用时,三相异步电动机的参数不易获得,所以参数表达式不便使用,若能利用异步电机产品目录中给出的数据,找出异步电动机的机械特性公式,即便是粗糙些,也很有实用价值,这就是实用表达式。

(1) 最大电磁转矩

在参数表达式(5-4)中令 $\frac{dT_{em}}{ds} = 0$,可得到最大电磁转矩

$$T_m = \pm \frac{1}{2} \cdot \frac{3n_p U_1^2}{2\pi f_1 [\pm R_s + \sqrt{R_s^2 + (X_s + X'_{r0})^2}]} \qquad (5\text{-}5)$$

最大电磁转矩对应的转差率称为临界转差率,用 s_m 表示为

$$s_m = \pm \frac{R'_r}{\sqrt{R_s^2 + (X_s + X'_{r0})^2}} \qquad (5\text{-}6)$$

其中,"+"号适用于电动机状态;"−"号适用于发电机状态。

一般情况下,R_s^2 的值不超过 $(X_s + X'_{r0})^2$ 值的 5%,可以忽略 R_s 的影响。这样便有

$$T_m = \pm \frac{1}{2} \cdot \frac{3n_p U_1^2}{2\pi f_1 (X_s + X'_{r0})}$$

$$s_m = \pm \frac{R'_r}{X_s + X'_{r0}} \qquad (5\text{-}7)$$

也就是说,异步发电机状态和电动机状态的最大电磁转矩的绝对值可近似认为相等,临界转差率也近似认为相等,机械特性具有对称性。

上面两式说明:最大电磁转矩与电压的二次方成正比,与漏电抗 $X_s + X'_{r0}$ 成反比;临界转差率与电阻 R'_r 成正比,与电压大小无关。

最大电磁转矩与额定电磁转矩的比值即最大转矩倍数,又称过载能力,用 λ 表示为

$$\lambda = \frac{T_m}{T_N} \qquad (5\text{-}8)$$

一般三相异步电动机的 λ 在 1.6~2.2 之间,起重、冶金用的异步电动机的 λ 在 2.2~2.8 之间。应用于不同场合的三相异步电动机都有足够大的过载能力,当电压突然降低或负载转矩突然增大时,电动机转速变化不大,待干扰消失后又恢复正常运行。但要注意,决不能让电动机长期工作在最大转矩处,否则,电流过大使温升超出允许值,会烧毁电动机。在最大转矩处运行属于不稳定运行。

(2) 实用表达式的推导

用式(5-4)除以式(5-5)得

$$\frac{T_{em}}{T_m} = \frac{2R'_r [R_s + \sqrt{R_s^2 + (X_s + X'_{r0})^2}]}{s\left[\left(R_s + \frac{R'_r}{s}\right)^2 + (X_s + X'_{r0})^2\right]}$$

因为 $\sqrt{R_s^2 + (X_s + X'_{r0})^2} = \frac{R'_r}{s_m}$,代入上式,于是

$$\frac{T_{em}}{T_m} = \frac{2R'_r \left(R_s + \frac{R'_r}{s_m}\right)}{\frac{sR_s^2}{s_m^2} + \frac{R'^2_r}{s} + 2R_s R'_r} = \frac{2\left(1 + \frac{R_s}{R'_r} s_m\right)}{\frac{s}{s_m} + \frac{s_m}{s} + 2\frac{R_s}{R'_r} s_m} = \frac{2 + q}{\frac{s}{s_m} + \frac{s_m}{s} + q}$$

其中,$q = \frac{2R_s}{R'_r} s_m = \frac{2R_s}{R'_r} \cdot \frac{R'_r}{\sqrt{R_s^2 + (X_s + X'_{r0})^2}} = \frac{2}{\sqrt{1 + \left(\frac{X_s + X'_{r0}}{R_s}\right)^2}}$。

当定子电阻的范围为 $0 < R_s < \infty$ 时,q 的范围为 $0 < q < 2$。

若定子电阻满足 $R_s \ll X_s + X'_{r0}$,有 $q \to 0$。所以只要满足定子电阻很小的条件,上式可

简化为
$$\frac{T_{em}}{T_m} = \frac{2}{\dfrac{s}{s_m} + \dfrac{s_m}{s}} \tag{5-9}$$

这就是三相异步电动机机械特性的实用公式。

(3) 实用公式的使用

从实用公式可知，必须在知道最大转矩 T_m 和临界转差率 s_m 的基础上才能计算。额定输出转矩可以通过额定功率和额定转速计算，即

$$T_N = 9\,550 \frac{P_N}{n_N} \tag{5-10}$$

过载能力可以从产品目录中查到，故 $T_m = \lambda T_N$ 便可确定。

若将额定工作点的 s_N 和 T_N 代入式(5-9)，得到

$$\frac{1}{\lambda} = \frac{2}{\dfrac{s_N}{s_m} + \dfrac{s_m}{s_N}}$$

解上式得

$$s_m = s_N(\lambda + \sqrt{\lambda^2 - 1}) \tag{5-11}$$

在实用公式中，按产品目录求出 T_m 和 s_m 后，只剩下 T_{em} 与 s 两个未知数了。如欲绘制异步电动机的机械特性，只要给定一系列的 s 值，按实用表达式求出相应的 T_{em} 值即可绘制出 $n = f(T_{em})$ 曲线。利用机械特性的实用表达式，还可进行机械特性的其他计算，其应用极为广泛。

当电动机在额定负载下运行时，转差率 s 很小，则 $\dfrac{s}{s_m} \ll \dfrac{s_m}{s}$，实用表达式可进一步近似为

$$T_{em} = \frac{2T_m}{s_m} s \tag{5-12}$$

由此可见，T_m 与 s_m 已知，当 $s < s_N$ 时，T_{em} 与 s 成正比，机械特性是一条直线。式(5-12)称为机械特性的近似计算公式，应用这个公式可计算 s_m：

$$s_m = 2\lambda s_N \tag{5-13}$$

异步电动机机械特性的三种表达式的应用场合各不相同。一般物理表达式适用于定性地分析 T_{em} 与 Φ_m 及 $I_2\cos\varphi_2$ 间的关系；参数表达式多用于分析各参数变化时对电动机性能的影响；实用表达式最适用于进行机械特性的工程计算。

5.1.2 机械特性

1. 固有机械特性

固有机械特性是指异步电动机在额定电压和额定频率下，电动机按规定的接线方法接线，定子及转子电路中不外接电阻(电抗或电容)时所获得的 $n = f(T_{em})$。

三相异步电动机的固有机械特性如图 5-1 所示。

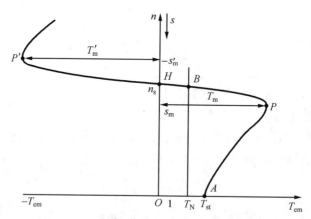

图 5-1　三相异步电动机的固有机械特性

为了描述机械特性,下面着重研究几个反映电动机工作特点的特殊运行点。

(1) 启动点 A

其特点是 $n=0(s=1)$;$T_{em}=T_{st}$(T_{st} 为启动转矩);启动电流 $I_{st}=4I_{1N}\sim 7I_{1N}$。

(2) 额定工作点 B

其特点是 $n=n_N(s=s_N)$;$T_{em}=T_N$;$I_1=I_{1N}$。

(3) 同步转速点 H

其特点是 $n=n_s(s=0)$;$T_{em}=0,I_2'=0$;$I_1=I_0$。

(4) 最大转矩点

① 电动状态下最大转矩点 P 的特点是 $T_{em}=T_m$;$s=s_m$。

② 回馈制动时最大转矩点 P' 的特点是 $T_{em}=T_m'$;$s=s_m'$(均为负值)。可得
$$|s_m'|=|s_m|$$
$$|T_m'|>|T_m|$$

可见,在回馈制动时异步电动机的过载能力较电动状态时大,只有当忽略 R_1 时,两者才相等。

2. 人为机械特性

由异步电动机的机械特性参数表达式可见:异步电动机电磁转矩 T_{em} 的数值是由某一转速 n(或 s)下的电源电压 U_1、电流频率 f_1、定子极对数 p、定子及转子电路的电阻及电抗(R_1,R_1',X_1,X_1')决定的。因为人为地改变这些参数,就可得到不同的人为机械特性。现介绍改变某些参数时的人为机械特性。

(1) 降低 U_1

当供电电网电压降低时,最大转矩 T_m 及启动转矩 T_{st} 与 U_1 成正比地降低;s_m 与 U_1 的降低无关(即保持不变);由于同步转速 $n_1=\dfrac{60f_1}{p}$,因此 n_1 也保持不变(其值与 U_1 无关)。图 5-2 绘出了 $U_1=U_N$、$0.5U_N$ 及 $0.8U_N$ 时的人为机械特性。

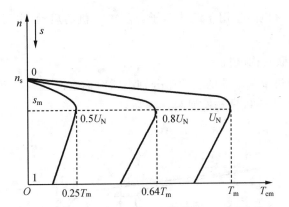

图 5-2　异步电动机降低 U_1 时的人为机械特性

现分析降低电网电压对电动机运行的影响。设电动机原在额定情况下运行，此时 $U_1 = U_N$，$I_1 = I_{1N}$，$n = n_N$，$T_{em} = T_N$。如果电网电压由于某种原因降低，负载保持额定值不变时，电动机即不能连续长时间运行，否则会影响电动机寿命甚至可能烧坏。

其原因为：当 U_1 降低时，在降低瞬间，转速 n_N 不变，电动机电流 I_1 及 I_2' 将下降，T_{em} 下降，电动机开始减速（因 $T_{em} < T_z$），s 增大，电流因 sE_2 增大而回升，在 T_{em} 回升到 $T_{em} = T_z$ 以前，电动机继续减速，一直降到 n_x（转差率由 s_N 升到 s_x）为止，此时 $T_{em} = T_z = T_N$ 又达到新的平衡状态。由于 U_1 下降前后负载保持额定值不变，得

$$I_{2N}'^2 \frac{1}{s_N} = I_{2x}'^2 \frac{1}{s_x} \tag{5-14}$$

式中：I_{2x}'——U_1 降低后转子电流的折算值。

在式(5-14)中，由于 $s_x > s_N$，故 $I_{2x}' > I_{2N}'$，U_1 降低后电动机电流将大于额定值，电动机如长时间连续运行，最终温升将超过允许值，导致电动机寿命缩短，甚至烧坏。

(2) 转子电路内串联对称电阻

在绕线式转子电动机的转子电路内，三相分别串联同样大小的电阻 R_Ω，此时 n_1 不变，T_m 也不变，T_{st} 将改变，一开始随 R_Ω 的增大而增加，一直增长到 R_{st} 时，$T_{st} = T_m$，如 R_Ω 继续增大，T_{st} 将开始减小，如图 5-3 所示。

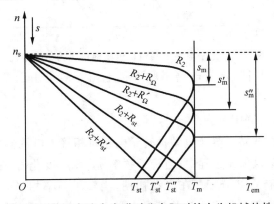

图 5-3　转子电路内串联对称电阻时的人为机械特性

转子电路串联对称电阻适用于绕线转子异步电动机的启动,也可用于调速。其人为机械特性如图 5-3 所示。

(3) 定子电路串联对称电抗

在笼型异步电动机定子电路的三相中分别串联对称电抗 X_{st}：n_1 不变,T_m、T_{st} 及 s_m 将随 X_{st} 的增大而减小。其人为机械特性如图 5-4 所示。

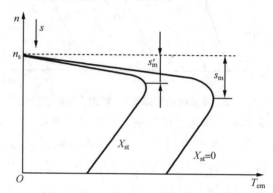

图 5-4 定子电路串联对称电抗时的人为机械特性

定子电路串联对称电抗一般用于笼型异步电动机的降压启动,以限制电动机的启动电流。

(4) 定子电路串联对称电阻

在笼型异步电动机定子电路的三相中串联对称电阻 R_f,与串联对称电抗 X_{st} 时相似：n_1 不变,T_m、T_{st} 及 s_m 将随 R_f 的增大而减小。其人为机械特性如图 5-5 所示。

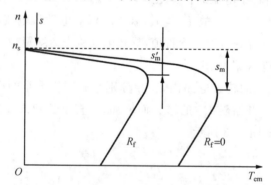

图 5-5 定子电路串联对称电阻时的人为机械特性

与串联对称电抗时相同,定子电路串联对称电阻一般也用于笼型异步电动机的降压启动。

(5) 转子电路接入并联阻抗

图 5-6(a) 是在绕线式转子异步电动机转子电路每相接入电抗器(其感抗为 X_{st})和电阻 R_{st} 的并联电路。在电动机加速过程中,当转子频率 $f_2 = sf_1$ 变化时,在转子电路中的两个并联支路之间,电流将进行重新分配。在启动初期,当转子频率相当大时,电抗器的感抗 X_{st} ($X_{st} = 2\pi s f_1 L_{st}$) 较大,大部分转子电流将流过电阻 R_{st}。这个电阻实际上决定了启动电流和启动转矩。当转子逐渐加速而转子频率逐渐降低时,X_{st} 也随之减小,这时大部分转子电流

将开始流过电抗器。在启动结束时,转子频率将变得很小($f_2=sf_1\approx2\sim5$ Hz),X_{st}的值很小,因而几乎全部转子电流将流过电抗器,近乎将电阻R_{st}短路。由于转子电路参数可变,如果参数配合恰当,电动机在整个加速过程中可以产生几乎恒定的转矩,绘出其人为机械特性如图5-6(b)所示。

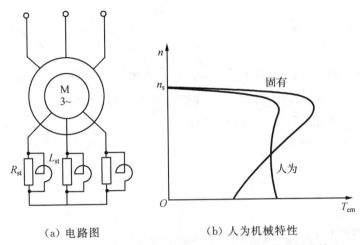

(a) 电路图　　　　(b) 人为机械特性

图5-6　转子电路接入并联阻抗的电路图与人为机械特性

转子电路接入并联阻抗能限制启动电流,在启动级数最少的情况下,保证电动机平滑地加速。

绕线式转子异步电动机转子接入并联阻抗时,转子电路的等效电路如图5-7所示。

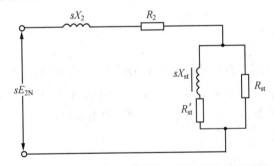

图5-7　转子电路接入并联阻抗的转子等效电路图

为获得图5-6(b)所示的人为机械特性,可采用具有下列参数的电抗器,即

$$\left.\begin{array}{l}X_{st}=(3\sim4)X_2\\R'_{st}=R_2\end{array}\right\} \tag{5-15}$$

式中:R'_{st}——电抗器线圈的电阻;

R_2及X_2——电动机转子绕组的电阻及电抗。

与电抗器并联的电阻R_{st}则可以采用下列参数,即

$$R_{st}=16R_2 \tag{5-16}$$

绕线式转子异步电动机转子串联频敏变阻器启动即应用上述原理,利用铁磁材料的频敏特性实现电动机的平滑启动。

任务 5.2　三相异步电动机的启动

【任务设置】

有一台三相笼型异步电动机的数据为：$P_N=40\ \text{kW}$，$U_N=380\ \text{V}$，$n_N=2\ 930\ \text{r/min}$，$\eta_N=0.9$，$\cos\varphi_N=0.85$，$k_i=5.5$，$k_{st}=1.2$，定子绕组为△形连接。供电变压器允许的启动电流为 150 A，能否在下列情况下用 Y－△降压启动？

① 负载转矩为 $0.25T_N$。
② 负载转矩为 $0.5T_N$。

【任务目标】

① 了解三相笼型异步电动机启动的概念及特点。
② 熟练掌握笼型异步电动机降压启动的三种方法及有关计算。
③ 了解绕线式异步电动机启动的特点。

【相关知识】

5.2.1　启动概述

异步电动机投入运行时，首先遇到的是启动问题。电动机转子从静止开始旋转，直至运行于某一转速，这一过程称为启动过程。启动过程时间虽短，但启动时电流很大，若启动方法不当，易损坏电动机并影响电网中其他电气设备的正常运行。

1. 启动性能的指标

（1）启动转矩倍数 $\dfrac{T_{st}}{T_N}$

（2）启动电流倍数 $\dfrac{I_{st}}{I_N}$

（3）启动时间

（4）启动设备

异步电动机启动时，为了使电动机能够转动并很快达到额定转速，要求电动机具有足够大的启动转矩，启动电流较小，并希望启动设备尽量简单、可靠、操作方便，启动时间短。

2. 启动电流和启动转矩

（1）启动电流

电动机启动瞬间的电流称为启动电流。刚启动时，$n=0$，$s=1$，气隙旋转磁场与转子相

对速度最大,因此转子绕组中的感应电动势也最大,由转子电流公式

$$I_2 = \frac{E_2}{\sqrt{\left(\frac{r_2}{s}\right)^2 + x_{2\sigma}^2}}$$

可知,启动时 $s=1$,异步电动机转子电流达到最大值,一般转子启动电流是额定电流 I_{2N} 的 5～8 倍。根据磁动势平衡关系,定子电流随转子电流相应变化,故启动时定子电流 I_{st1} 也很大,可达额定电流的 4～7 倍。这么大的启动电流将带来以下不良后果。

① 使线路产生很大的电压降,导致电网电压波动,从而影响接在电网上的其他用电设备的正常工作,特别是容量较大的电动机启动时,此问题更突出。

② 一方面,电压降低,电动机转速下降,严重时使电动机停转,甚至可能烧坏电动机。另一方面,电动机绕组电流增加,铜损耗过大,使电动机发热、绝缘老化。特别是对需要频繁启动的电动机影响较大。

③ 电动机绕组端部受电磁力冲击,甚至发生变形。

(2) 启动转矩

异步电动机启动时,启动电流很大,但启动转矩不大。因为启动时,$s=1$,$f_2=f_1$,转子漏抗 $x_{2\sigma}$ 很大,$x_{2\sigma} \gg r_2$,转子功率因数角 $\varphi_2 = \arctan \frac{x_{2\sigma}}{r_2}$ 接近 90°,功率因数 $\cos\varphi_2$ 很低;同时,启动电流很大,定子绕组漏阻抗压降大,由定子电动势平衡方程 $\dot{U}_1 = -\dot{E}_1 + \dot{I}_1 Z_1$ 可知,定子绕组感应电动势 E_1 减小,使电动机主磁通有所减小。由于这两方面因素,根据电磁转矩公式 $T_{em} = C_T \Phi_m I_2' \cos\varphi_2$ 可知,尽管 I_2 很大,但异步电动机的启动转矩并不大。

通过以上分析可知,异步电动机启动的主要问题是启动电流大,而启动转矩并不大。为了限制启动电流,并得到适当的启动转矩,应根据电网的容量、负载的性质、电动机启动的频繁程度,对不同容量、不同类型的电动机采用不同的启动方法。启动电流 I_{st} 为

$$I_{st} \approx \frac{U_1}{\sqrt{(r_1+r_2')^2 + (x_1+x_{2\sigma}')^2}} \tag{5-17}$$

由式(5-17)可知,减小启动电流有如下两种方法:

① 降低异步电动机电源电压 U_1。

② 增加异步电动机定、转子阻抗。

对于笼型和绕线式异步电动机,可采用不同的方法来改善启动性能。

5.2.2 三相笼型异步电动机的启动

笼型异步电动机的启动方法有两种,即直接启动(全压启动)和降压启动。

1. 直接启动

直接启动适用于小容量电动机带轻载的情况,启动时,将定子绕组直接接到额定电压的电网上。在此工况下电磁转矩、启动电流很容易同时得到满足。什么工况才算"小容量轻载"? 这不仅与电动机本身的容量、负载有关,还与电网容量、供电线路长短有关。一般规定

供电母线电压降占额定电压的百分数。对于经常启动的电动机,启动时引起的母线电压降不大于10%;对于偶尔启动的电动机,电压降不大于15%。确定这一电压降的依据如下:

① 假设电网电压降至额定电压的85%,待启动的电动机的启动转矩等于额定电压的启动转矩 T_{stN} 的 $0.85^2 \approx 0.723$,对于轻载转动,可以满足要求。

② 电网上其他电动机的电磁转矩。假设电网上其他电动机的最大转矩倍数 $k_M \geqslant 1.6$,当电网电压降至额定电压的85%时,电磁转矩 $T=1.6 \times 0.85^2 T_N \approx 1.156 T_N$。

因此,这些电动机仍然能拖动额定负载,不至于停转。对于额定电压为380 V的电动机而言,当 $P_N \leqslant 7.5$ kW 时,可以直接启动。

2. 降压启动

降压启动适用于容量大于或等于20 kW并带轻载的工况。由于轻载,故电动机启动时电磁转矩很容易满足负载要求。主要问题是启动电流大,电网难以承受过大的冲击电流,因此必须降低启动电流。

在研究启动时,可以用短路阻抗 r_k+jx_k 等效异步电动机。电动机的启动电流(即流过 r_k+jx_k 的电流)与端电压成正比,而启动转矩与电动机端电压的平方成正比,这就是说启动转矩比启动电流降得更快。降压之后在启动电流满足要求的情况下,还要校核启动转矩是否满足要求。

常用的降压启动方法有三种:定子回路串电抗(或电阻)降压启动、Y-△启动器启动、自耦变压器启动。

(1) 定子回路串电抗启动

在定子绕组中串联电抗或电阻都能降低启动电流,但串电阻启动能耗较大,只用于小容量电动机中。一般都采用定子回路串电抗降压启动。图5-8(a)是定子串电抗 x_Ω 降压启动的等效电路,图5-8(b)是该电动机直接全压启动的等效电路。图5-8(a)、(b)中虚线框内 r_k+jx_k 代表电动机的短路阻抗。在图5-8(a)中电动机端电压为 U_X,电网提供的启动电流为 I_{st}。图5-8(b)中电动机端电压为 U_{phN},电网提供的启动电流为 I_{stN}。

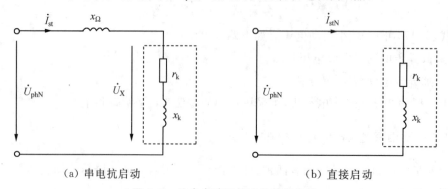

(a) 串电抗启动　　　　　　　　(b) 直接启动

图 5-8　异步电动机的启动等效电路

令图5-8(a)、(b)中电动机端电压之比为

$$\frac{U_X}{U_{phN}}=\frac{1}{a} \tag{5-18}$$

于是在这两种情况下,电网提供的线电流之比 $\frac{I_{st}}{I_{stN}}$,即相应的电动机电流之比等于电动机端电压之比,即

$$\frac{I_{st}}{I_{stN}} = \frac{U_X}{U_{phN}} = \frac{1}{a} \tag{5-19}$$

降压启动时启动转矩 T_{st} 与全压直接启动时启动转矩 T_{stN} 之比为

$$\frac{T_{st}}{T_{stN}} = \left(\frac{U_X}{U_{phN}}\right)^2 = \frac{1}{a^2} \tag{5-20}$$

式(5-18)至式(5-20)说明,在采用串电抗降压启动时,若电动机端电压降为电网电压的 $\frac{1}{a}$,则启动电流降为直接启动的 $\frac{1}{a}$,启动转矩降为直接启动的 $\frac{1}{a^2}$,比启动电流降得更厉害。因此在选择 a 值使启动电流满足要求时,还必须校核启动转矩是否满足要求。

在已知 a 值的情况下,可按下述方法求得 x_Ω。依据图 5-8(a),有

$$\sqrt{r_k^2 + (x_k + x_\Omega)^2} = a\sqrt{r_k^2 + x_k^2} \tag{5-21}$$

串入的电抗为

$$x_\Omega = \sqrt{(a^2-1)r_k^2 + a^2 x_k^2} - x_k \tag{5-22}$$

(2) 用 Y—△启动器启动

只有正常运行时定子绕组采用三角形接法且三相绕组首尾 6 个端子全部引出来的电动机才能采用 Y—△启动器启动。该启动器线路图如图 5-9 所示。

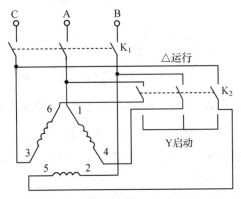

图 5-9 异步电动机 Y—△启动接线图

在开始启动时,开关 K_2 投向"启动"位置,定子绕组接成 Y,然后合上开关 K_1,电动机在低压下启动,转速上升。当转速接近正常运行转速时,将开关 K_2 投向"运行"位置,电动机绕组接成△,在全压下运行。由于切换时转速已接近正常运行转速,冲击电流就不大了。

图 5-10(a)是采用 Y—△启动器在接成 Y 时的等效电路;图 5-10(b)是电动机接成△全压直接启动时的等效电路。

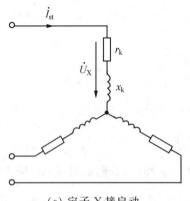 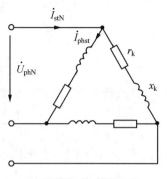

(a) 定子 Y 接启动　　　　　　(b) 定子△接直接启动

图 5-10　Y—△换接启动等效电路

$$\frac{\text{Y 接(Y-△启动器)时定子端相电压 } U_X}{\text{△接直接启动时定子端相电压 } U_{phN}} = \frac{1}{\sqrt{3}} \tag{5-23}$$

$$\frac{\text{Y 接启动电网线电流 } I_{st}}{\text{△接启动定子相电流 } I_{phN}} = \frac{1}{\sqrt{3}} \tag{5-24}$$

$$\frac{\text{Y 接启动电网线电流 } I_{st}}{\text{△接启动点网线电流 } I_{stN}} = \frac{I_{st}}{I_{phst}} \cdot \frac{I_{phst}}{I_{stN}} = \frac{1}{\sqrt{3}} \times \frac{1}{\sqrt{3}} = \frac{1}{3} \tag{5-25}$$

电网提供的线电流反映了电网受到冲击的大小，用 Y—△启动器启动时，电网提供的线电流与电动机相电流相等；而采用△接直接启动时，电网提供的线电流等于电动机相电流的 $\sqrt{3}$ 倍。

$$\frac{\text{Y 接启动时启动转矩 } T_{st}}{\text{△接直接启动时启动转矩 } T_{stN}} = \left(\frac{U_X}{U_{phN}}\right)^2 = \left(\frac{1}{\sqrt{3}}\right)^2 = \frac{1}{3} \tag{5-26}$$

由式(5-25)、式(5-26)可以看出，采用 Y—△启动器启动时，启动电流降为直接启动时的 $\frac{1}{3}$，启动转矩也降为直接启动时的 $\frac{1}{3}$。与串电抗相比，这种启动方法性能好些。

Y—△启动器价格便宜，操作简单，所以小型异步电动机常采用这种启动方法。为了便于采用 Y—△启动，国产 Y 系列 4 kW 以上电动机定子绕组都采用三角形接法。

(3) 用自耦变压器启动

图 5-11 是异步电动机采用自耦变压器降压启动的线路图。图中 AT 代表三相 Y 接的自耦变压器，又称为启动补偿器。启动时先将开关 K 投向"启动"位置，则 AT 三相绕组接入电源，其二次侧抽头接电动机，使电动机降压启动。当转速接近正常运行转速时，将开关 K 投向"运行"位置，则电动机接入全电压(此时自耦变压器 AT 已脱离电源)，继续启动，此时电流冲击已经较小。再过一小段时间，电动机进入正常运行状态。

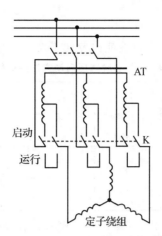

图 5-11 用自耦变压器降压启动原理图

采用自耦变压器降压启动时,等效电路如图 5-12(a)所示,而异步电动机在全压下直接启动时等效电路如图 5-12(b)所示。两图虚线框中短路阻抗代表启动时的异步电动机。对比图 5-12(a)、图 5-12(b) 得到如下关系:

$$\frac{自耦降压启动时电动机端相电压\ U_X}{全压直接启动时电动机端相电压\ U_{phN}} = \frac{1}{a} \quad (5\text{-}27)$$

$$\frac{降压启动时相电流\ I_X}{全压启动时相电流\ I_{stN}} = \frac{U_X}{U_{phN}} = \frac{1}{a} \quad (5\text{-}28)$$

式中:a——自耦变压器变比。

在自耦变压器中,忽略励磁电流时,一、二次侧容量相等,即

$$U_{phN} I_{st} = U_X I_X$$

故

$$I_X = \frac{U_{phN}}{U_X} I_{st} = a I_{st}$$

$$\frac{降压时电网线电流\ I_{st}}{全压时电网线电压\ I_{stN}} = \frac{I_{st}}{I_X} \cdot \frac{I_X}{I_{stN}} = \frac{1}{a^2} \quad (5\text{-}29)$$

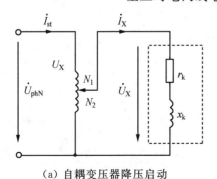

(a) 自耦变压器降压启动 (b) 直接启动

图 5-12 异步电动机的启动等效电路

由上述分析可知,采用自耦变压器启动时,电动机的启动转矩、启动电流为全压直接启动时的 $\frac{1}{a^2}$。国产的自耦补偿器一般有三个抽头可供选择,分接电压分别是额定电压的 55%、

64%、75%,其 a 值分别为 1.82、1.56、1.33。

关于各种降压启动方法的特点及性能比较列于表 5-1 中。

表 5-1 各种降压启动方法的比较

降压方法	$\dfrac{U_X}{U_{phN}}$	$\dfrac{I_{st}}{I_{stN}}$	$\dfrac{T_{st}}{T_{stN}}$	启动设备
串电抗(电阻)	$\dfrac{1}{a}$	$\dfrac{1}{a}$	$\dfrac{1}{a^2}$	较贵
Y－△启动器	$\dfrac{1}{\sqrt{3}}$	$\dfrac{1}{3}$	$\dfrac{1}{3}$	较便宜,只限定于△接的电机
自耦变压器	$\dfrac{1}{a}$ 可调	$\dfrac{1}{a^2}$	$\dfrac{1}{a^2}$	较贵,有三个抽头可调

例 5-1 一台笼型异步电动机,$P_N=1\,000$ kW,$U_N=3\,000$ V,$I_N=235$ A,$n=593$ r/min,启动电流倍数 $k_i=6$,启动转矩倍数 $k_{st}=1$,最大允许冲击电流为 950 A,负载要求启动转矩不小于 7 500 N·m,试计算在采用下列启动方法时的启动电流和启动转矩。

(1) 直接启动;

(2) 定子串电抗降压启动;

(3) 采用 Y－△启动器启动;

(4) 采用自耦变压器(64%,73%)启动,并判断哪一种启动方法能满足要求。

解 额定转矩为

$$T_N = \dfrac{P_2}{\dfrac{2\pi n}{60}} = \dfrac{1\,000 \times 10^3}{\dfrac{2\pi \times 593}{60}} \text{N·m} \approx 16\,112 \text{ N·m}$$

(1) 直接启动,有

$$I_{st} = k_i I_N = 6 \times 235 \text{ A} = 1\,410 \text{ A} > 950 \text{ A}$$

线路不能承受这么大的冲击电流。

(2) 定子串电抗启动,设启动电流 $I_{st}=950$ A,则

$$\dfrac{U_X}{U_{phN}} = \dfrac{1}{a} = \dfrac{950}{1\,410} = 0.674$$

$$\dfrac{T_{st}}{T_{stN}} = \dfrac{1}{a^2} = 0.674^2 \approx 0.454$$

启动转矩小于负载转矩,不能满足要求。

(3) 用 Y－△启动器启动,有

$$\dfrac{1}{a} = \dfrac{1}{\sqrt{3}} \approx 0.577$$

$$I_{st} = \dfrac{1}{a^2} k_i I_N = \dfrac{1}{3} \times 1\,410 \text{ A} = 470 \text{ A} < 950 \text{ A}$$

$$T_{st} = \dfrac{1}{a^2} k_{st} T_N = \dfrac{1}{3} \times 1 \times 16\,112 \text{ N·m} \approx 5\,368 \text{ N·m} < 7\,500 \text{ N·m}$$

虽然启动电流满足要求,但启动转矩小于负载转矩。

(4) 采用自耦变压器。

① 采用64%挡,有

$$\frac{U_X}{U_{phN}} = \frac{1}{a} = 0.64$$

$$I_{st} = \frac{1}{a^2} k_i I_N = 0.64^2 \times 1410 \text{ A} = 577.5 \text{ A} < 950 \text{ A}$$

$$T_{st} = \frac{1}{a^2} k_{st} T_N = 0.64^2 \times 16112 \text{ N} \cdot \text{m} \approx 6596 \text{ N} \cdot \text{m} < 7500 \text{ N} \cdot \text{m}$$

启动电流满足要求,启动转矩仍小于负载转矩。

② 采用73%挡,有

$$\frac{U_X}{U_{phN}} = \frac{1}{a} = 0.73$$

$$I_{st} = \frac{1}{a^2} k_i I_N = 0.73^2 \times 1410 \text{ A} = 751.4 \text{ A} < 950 \text{ A}$$

$$T_{st} = \frac{1}{a^2} k_{st} T_N = 0.73^2 \times 16112 \text{ N} \cdot \text{m} \approx 8581 \text{ N} \cdot \text{m} > 7500 \text{ N} \cdot \text{m}$$

启动电流、启动转矩均满足要求,因此只能采用自耦变压器(73%挡)启动。

5.2.3 三相绕线式异步电动机的启动

三相绕线式异步电动机的启动就是将转子电路经过滑环和电刷引出,在外面连接启动电阻或频敏变阻器进行启动,因为转子电路串接电阻使转子电路电流减小,所以定子电路电流也相应减小,转子电路中接电阻使转子功率因数得到提高,转子感应电流与定子电压功率角减小而转矩升高,使电动机在减小启动电流的同时增加了启动转矩。

1. 转子串电阻启动

转子串电阻启动的电路图如图5-13(a)所示。在启动过程中,所串入的电阻为三个电阻的总和,启动过程中随着转速的提高而逐渐减小电阻值,最后切除电阻。

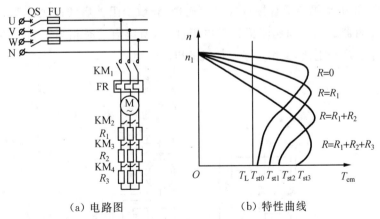

(a) 电路图 (b) 特性曲线

图5-13 绕线式异步电动机系统及转子串电阻启动特性曲线

启动过程如下:

① 启动开始的时候,KM₁、KM₂、KM₃处于断开状态。首先接通KM₁,电动机加上额定

电压。由于电动机和变压器原理相似，转子串入电阻就相当于变压器二次侧串入电阻，电动机的启动电流减小。同时，转子串入电阻时转子电路总电阻增加。从图5-13(b)中可以看出，在一定范围内，转子电阻越大，启动转矩也就越大，电动机越容易启动。

② 在 KM_1 闭合的过程中，接通 KM_4，将 R_3 电阻切除，此时阻值减小，电动机曲线上移，转入电动机 R_1+R_2 的曲线，电动机转速继续升高。

③ 在较高转速的情况下，接通 KM_3，将电阻 R_2+R_3 切除，电动机转入 R_1 电阻所在的曲线，电动机转速继续提高。

④ 在转速接近额定转速时，接通 KM_2，将所有电阻切除，使电动机的转子进入固有特性的工作状态，电动机启动结束，进入正常运行状态。

2. 转子绕组串频敏变阻器启动

电动机绕线式转子串频敏变阻器启动，就是在电动机转子绕组上串联频敏变阻器进行启动。频敏变阻器的结构如图5-14(a)所示。它的铁芯是用厚钢板铆制而成，绕组是用绝缘的漆包线绕制而成。其工作特点是，在电动机启动时，定子和转子的相对转速高，转子切割"磁力线"的速度很大，转子产生很高电动势的同时，转子电动势的频率也相当高。高频电动势加在频敏变阻器上产生高频电流，这样绕组产生高频磁场；转子铁芯是由钢板制成，产生很大的磁滞和涡流损耗，会消耗大量的能量，就相当于在转子上串联了较大的电抗，限制了启动电流。随着转子转速的提高，定子和转子的相对转速减小，转子产生的感应电动势的频率也降低，使频敏变阻器中的磁滞和涡流损耗减小，也就相当于转子串联的电抗减小直至启动结束，转子的转速接近定子磁场的转速，频敏变阻器的阻抗也就减小到最小，启动结束。

基本控制电路如图5-14(b)所示。接通电源控制开关QS，同时按下启动控制按钮，使接触器 KM_1 的主触点闭合，接通电动机的定子电路，电动机在转子串联频敏变阻器的情况下启动。这时频敏变阻器产生高阻抗，减小了电动机的启动电流。随着电动机转子旋转，转子电动势和频率减小，频敏变阻器的阻值减小，转子转速不断升高直至启动结束。这时控制电路接通 KM_2，将电动机转子直接接成星形连接，频敏变阻器启动彻底结束。在启动过程中，因为频敏变阻器的磁滞和涡流损耗是电阻性的，所以启动时相当于转子串联电阻性负载，这样既减小了启动电流，又增大了电动机的启动转矩。

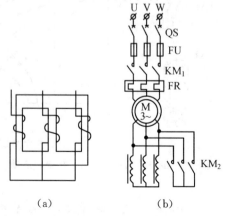

图5-14 频敏变阻器的结构和频敏变阻器的启动电路

任务 5.3　三相异步电动机的制动

与直流电动机一样,三相异步电动机也可以工作在制动运转状态。制动时,电动机的电磁转矩方向与转子转动方向相反,起着制止转子转动的作用,电动机由轴上吸收机械能,并转换成电能。电动机制动有制动停车、加快减速过程和变加速运动为等速运动等作用,制动的方法主要有能耗制动、反接制动和回馈制动三种。

【任务设置】

电源反接制动力强,制动迅速,但制动准确性差,制动过程中冲击力强,易损坏传动部件,在要求制动平稳准确的场合则需要采用能耗制动。要求设计、安装和调试出三相异步电动机单向旋转能耗制动控制线路。

【任务目标】

① 掌握电源两相对调反接制动和转速反向的反接制动的方法、制动过程中工作点的变化及能量关系。
② 掌握三相异步电动机能耗制动控制原理。
③ 掌握回馈制动的条件及出现的场合。

【相关知识】

5.3.1　反接制动

实现异步电动机的反接制动有转速反向与定子两相对调两种方法。

1. 转速反向的反接制动

这种反接制动相当于直流电动机的电源反向反接制动,适用于位能性负载的低速下放。

设原来电动机以转速 n_A 提升重物,位能性负载转矩为 T_L,稳定运行在图 5-15 所示的固有特性上的 A 点,处于正向电动状态。如果在转子回路中串入足够大的电阻 R_{rb} 时,根据最大转差率 s_m 与转子电阻的关系,当 $s_m>1$ 时,其人为机械特性曲线如图 5-15 中曲线 2 所示。在转子接入电阻的瞬间,转子因惯性的作用转速不能突变,但机械特性从曲线 1 变到曲线 2,电动机的工作点从 A 点过渡到 B 点,电动机的转子电流和电磁转矩大为减小。此时电动机的电磁转矩 $T_{em}<T_L$,电动机减速,当转速降至零时,电动机的电磁转矩如仍小于负载转矩,则在负载转矩的作用下,电动机将被倒拉反转,直至电动机的电磁转矩重新等于负载转矩,电动机将稳定运行于 C 点(第四象限内)。此时电动机的电磁转矩 T_{em} 的方向不变,而转子的转向却反了,电磁转矩起制动作用。这种制动方法也称为倒拉反转反接制动,属于一

种稳定的制动状态。

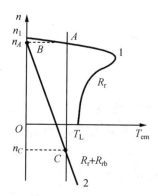

图 5-15 异步电动机转速反向的反接制动时的机械特性曲线

2. 定子两相对调的反接制动

异步电动机定子两相反接制动也称为电压反接制动,其接线原理图如图 5-16(a)所示,反接制动前接触器 KM_F 闭合,KM_R 断开,电动机工作在电动状态,稳定运行在固有特性曲线 1 的 A 点上。反接制动时,将接触器 KM_F 断开,KM_R 闭合,由于定子绕组两相反接,电源相序改变,旋转磁场的转向也随之改变,所以此时电动机的机械特性曲线应绕坐标原点转 180°,如图 5-16(b)中曲线 2 所示。但在电源反接的瞬间,由于惯性的作用,转子的转速将保持不变,因此运行点将由固有机械特性曲线 1 的 A 点过渡到特性曲线 2 的 B 点,此时转子切割磁场的方向与电动状态时相反,转子感应电动势 E_2、转子电流 I_2 和电磁转矩 T_{em} 的方向也随之改变,电动机进入反接制动状态(在第二象限)。在负的电磁转矩和负载转矩的共同作用下,转速很快下降,达到 C 点时,$n=0$,制动过程结束。

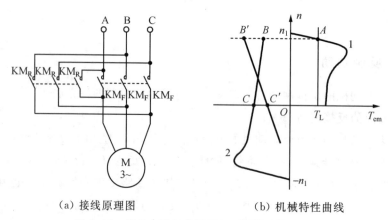

(a) 接线原理图　　　　　　(b) 机械特性曲线

图 5-16 异步电动机定子两相对调的反接制动

此时,如要停车应立即切断电源,否则电动机可能反向启动。因为 C 点的电磁转矩就是电动机的反向启动转矩,如果负载是位能性负载,则电动机的启动转矩与负载转矩共同作用,电动机将反向启动;如果负载是反抗性负载,且负载转矩小于电动机启动转矩,电动机也会出现反向启动。只有负载转矩大于电动机启动转矩时,电动机才会停止在 C 点处。第三象限也是电动状态,它与第一象限的电动状态的区别仅在于定子磁场的旋转方向不同。

在定子两相对调的反接制动过程中[图 5-16(b)中的 BC 段],异步电动机的转差率 $s = \dfrac{-n_1 - n}{-n_1} = \dfrac{n_1 + n}{n_1} > 1$,而在反接开始时[图 5-16(b)中的 B 点], $n \approx n_1, s \approx 2$,如果转子回路不串接电阻,则反接时的制动电流比启动电流还要大,但因为此时转子电流频率和漏电抗较大,功率因数极低,制动转矩不可能很大,比启动转矩还要小,从图 5-16(b)中可以看出 $T_{eB} < T_{eC}$。为了限制过大的制动电流,并增大制动转矩,提高制动效果,对于绕线式转子异步电动机,一般可在转子回路中串入制动电阻 R_{rb}。接入制动电阻的人为机械特性如图 5-16(b)中曲线 $B'C'$ 段所示。改变 R_{rb} 的数值可以调节制动转矩的大小,选择适当的 R_{rb} 可以在开始制动时获得最大转矩。

转速反向的反接制动和定子两相对调的反接制动,虽然实现制动的方法不同,但能量传递关系是相同的。这两种反接制动,电动机的转差率都大于1,其机械功率和电磁功率分别为

$$P_2 = 3 I_2'^2 \dfrac{1-s}{s} R_r' < 0$$

$$P_{em} = 3 I_2'^2 \dfrac{R_r'}{s} > 0$$

这表明,与电动机电动状态相比,反接制动时机械功率的传递方向相反,此时电动机实际上是输入机械功率,所以异步电动机反接制动时,一方面从电网吸收电能,另一方面从旋转系统获得动能(定子两相对调反接制动)或势能(转速反向反接制动)转化为电能,这些能量都消耗在转子回路中。因此,从能量损失来看,异步电动机的反接制动是很不经济的。

5.3.2 能耗制动

将正在运行的电动机的定子绕组从电网断开,接到直流电源上(如图 5-17 所示),由于定子中流过直流电流 I,故再没有电磁功率从定子方传递到转子方。定子的直流电流形成一恒定磁场,转子由于惯性继续转动,其导条切割定子的恒定磁场而在转子绕组中感应电动势、电流,从而将转子动能变成电能消耗在转子电阻上,使转子发热,当转子动能消耗完,转子就停止转动,这一过程称为能耗制动。其机械特性如图 5-18 所示,电动机在正向电动状态下工作于 A 点,当电动机转入能耗制动时,工作点变为 B。由于机械惯性,转速不能突变,$n_B = n_A$。该机械特性相当于 $n_1 = 0$ 时异步电动机的机械特性。

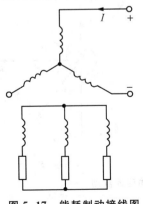

图 5-17 能耗制动接线图

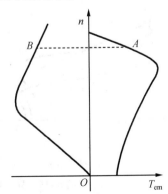

图 5-18 能耗制动机械特性

5.3.3 回馈制动

当异步电动机工作在正向电动状态时,由于某种原因,在转向不变的条件下,使转速 n 大于同步转速 n_1,则转差率 $s=\dfrac{n_1-n}{n_1}<0$,转子的感应电动势 $E_2=sE_1$ 为负值,转子电流的有功分量 $I'_{2a}=I'_2\cos\varphi_2$,即

$$I'_{2a}=\dfrac{E'_2\dfrac{R'_r}{s}}{\left(\dfrac{R'_r}{s}\right)^2+X'^2_{r0}} \tag{5-30}$$

转子电流的无功分量为 $I'_{2r}=I'_2\sin\varphi_2$,即

$$I'_{2r}=\dfrac{E'_2 X'_{r0}}{\left(\dfrac{R'_r}{s}\right)^2+X'^2_{r0}} \tag{5-31}$$

由式(5-30)及式(5-31)可以看出,当转差率 s 为负时,转子电流的有功分量改变了方向,为负值,而无功分量的方向不变,这样可绘出异步电动机在回馈制动状态下的相量图,如图 5-19(b)所示。从相量图上可以看出:在 U_1 和 I_1 之间的相位角 $\varphi_1>90°$。此时定子功率 $P_1=3U_1I'_2\cos\varphi_1$ 为负,即定子功率将电能回馈电网。另外,由于转子电流的有功分量 $I'_2\cos\varphi_2$ 为负,则电磁转矩 T_{em} 变为负值,T_{em} 的方向与转向相反,因而起制动作用。这时异步电动机既向电网回馈电能,又产生制动转矩,故将这种制动方法称为回馈制动。

一般在变频或变极调速的减速过程中会出现回馈制动,机械特性曲线如图 5-19(a)中曲线 1、2 所示,是一个暂态过程,在第二象限无稳定运行点。若在转子回路中串联电阻,其人为机械特性曲线如图 5-19(a)中曲线 3 所示。串联不同的电阻,可得到不同的转速,串联的电阻值越大,转速也越高。一般在回馈制动时转子回路中不串接电阻,以免转速过高。与直流电机相似,异步电动机的回馈制动还可用于正向回馈制动运行(如电车下坡)或反向回馈制动运行(位能性负载)的拖动系统中,以获得稳定的转速,这时负载的势能转化为回馈给电网的电能。

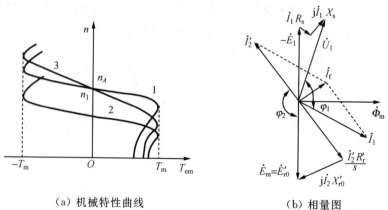

(a) 机械特性曲线　　(b) 相量图

图 5-19　异步电动机的正向回馈制动

1. 正向回馈制动运行

当电车下坡时,如图 5-20(a)所示,如果转速大于电动机的同步转速,即 $n_A > n_1$,则电磁转矩 T_{em} 反向变为制动转矩,当其与负载转矩 T_L 相平衡时($T_{eA} = T_L$),电动机将稳定运行,回馈制动特性曲线在第二象限(图中 A 点)。

2. 反向回馈制动运行

图 5-20(b)为反接制动下放重物的电动机运行在反向回馈制动时的机械特性。提升重物时,电动机运行于正向电动状态的 A 点,然后将电源反接,由反接制动可知,其特性曲线将绕原点旋转 180°,由于惯性作用,电动机转子的转速不能发生突变,因此电动机将由 A 点过渡到 B 点,进入电压反接制动状态,转速下降到零(C 点)。在 C 点如不断开电源,电动机将反向启动并加速,当到达 D 点时,转速 $n = -n_1$,电动机不能稳定运行,此时虽然作用在电动机上的电磁转矩 T_{em} 为零,但在负载转矩的作用下,电动机将继续加速,因此 $|n| > |-n_1|$ 时,转差率 s 为负,转子电流反向,电磁转矩也反向并与转速方向相反,起制动作用。当到达 E 点时,电磁转矩 $T_{em} = T_L$,电动机稳定运行,以转速 n_E 匀速下放重物,把系统的势能转换成电能而回馈到电网。在 E 点电动机是稳定的,故也称为回馈制动运行。

回馈制动还可能发生在异步电动机定子由少极对数换接成多极对数的调速过程中,因换接前定子极对数少,电动机转速高,大于换接后的同步转速,电动机将过渡到回馈制动状态。

由式(5-31)可知,异步电动机回馈制动时,转子电流的无功分量方向不变,与电动状态时方向相同,所以异步电动机定子必须接到电网上,并从电网吸取无功功率以建立电动机的磁场。

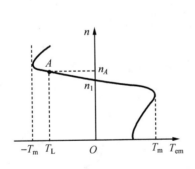

(a) 正向回馈制动运行特性曲线

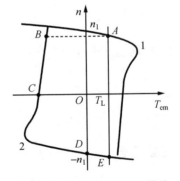

(b) 反向回馈制动运行特性曲线

图 5-20 异步电动机的回馈制动机械特性

任务 5.4　三相异步电动机的调速

【任务设置】

在金属切削机床、升降机、起重设备、风机、水泵等不需要无级调速的生产机械中,常采用变极调速实现生产设备的转速变化。要求实现一台三相异步交流电动机的变极调速控制线路。

【任务目标】

① 掌握三相异步电动机的调速原理。
② 掌握三相异步电动机的调速方法。

【相关知识】

异步电动机具有结构简单、价格便宜、运行可靠、维护方便等优点,但在调速性能方面比不上直流电动机。直到现在人们还没有研制出调速性能好、价格便宜,且能完全取代直流电动机的异步电动机的调速系统,但已研制出各种各样的异步电动机的调速方式,并广泛应用于各个领域。根据异步电动机的转速公式:

$$n=(1-s)n_1=\frac{60f_1}{p} \tag{5-32}$$

异步电动机的调速方式有以下三种:
① 变极调速。
② 变频调速。
③ 通过改变转差率 s 调速。

5.4.1　变极调速

对于异步电动机定子而言,为了得到两种不同极对数的磁动势,采用两套绕组是很容易实现的。为了提高材料的利用率,一般采用单绕组变极,即通过改变一套绕组的连接方式而得到不同极对数的磁动势,以实现变极调速。对于转子,一般采用笼型绕组,它不具有固定的极对数,其数值自动与定子绕组保持一致。下面以最简单的倍极比为例加以说明。

1. 变极原理

图 5-21(a)是一个四极电动机的 A 相绕组示意图,在如图所示的电流方向 $a_1 \to x_1$ 及 $a_2 \to x_2$ 下,它产生的磁动势基波极数 $2p=4$。

如果按图 5-21(b)所示的方式连接,即 a_1 与 x_2 连接作为首端 A,x_1 与 a_2 连接作为尾端

X,则它产生的磁动势基波极数 $2p=2$,这样就实现了单绕组变极。

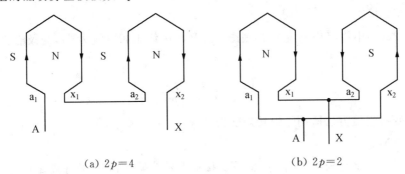

图 5-21 变极原理图

2. 变极绕组的连接方法

下面介绍两种典型的变极绕组连接方法,分别如图 5-22、图 5-23 所示。

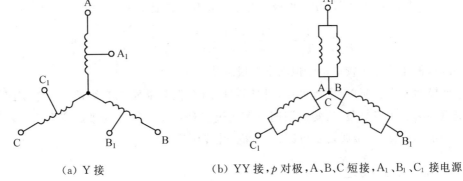

图 5-22 Y/YY 变极接法

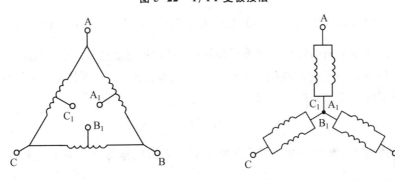

图 5-23 △/YY 变极接法

3. 变极前、变极后转矩和功率的变化

假设定子绕组相电压为 U_X,相电流为 I_1,则输出功率 $P_2=3U_XI_1\cos\eta$。假设在变极前、变极后的两种极对数下,$\cos\eta$ 不变(当然这个假设十分粗略),并近似认为 $P_M\approx P_2\approx P_1$,则电磁转矩

$$T_{em}\propto\frac{P_M}{\Omega_1}\propto\frac{U_XI_1}{n_1}\propto U_XI_1p$$

上式是一个适用于变极前、变极后的一般公式。

(1) Y/YY 接

设图 5-22(a)中绕组相电流为 I，则图 5-22(b)中绕组相电流为 $2I$，变极前、变极后电磁转矩之比为

$$\frac{T_Y}{T_{YY}} = \frac{U_X I \cdot 2p}{U_X \cdot 2Ip} = 1$$

故这种变极连接方法适用于恒转矩变极调速。

(2) △/YY 接

由于定子△接绕组极对数为 $2p$，而 YY 接极对数为 p，则同步角速度之比为

$$\frac{\Omega_\triangle}{\Omega_{YY}} = \frac{p}{2p} = \frac{1}{2}$$

假设图 5-23(a)中相电压为 $\sqrt{3}U_X$，图 5-23(b)中相电压为 U_X；图 5-23(a)中相电流为 I，图 5-23(b)中相电流为 $2I$。在两种极对数下输出功率之比为

$$\frac{P_{2\triangle}}{P_{2YY}} = \frac{T_\triangle}{T_{YY}} \cdot \frac{\Omega_\triangle}{\Omega_{YY}} = \frac{\sqrt{3}U_X I \cdot 2p}{U_X I \cdot 2p} \times \frac{1}{2} = \frac{\sqrt{3}}{2} \approx 0.866$$

故这种连接方法较适用于恒功率变极调速。

变极调速方法简单、运行可靠、机械特性较硬，但只能实现有级调速。单绕组三相电动机绕组接法已相当复杂，故变极调速不宜超过三种速度。因此变极调速多用于不需要无级调速的生产机械，如金属切割机床、通风机、升降机等。

5.4.2 变频调速

异步电动机的转速 $n = \frac{60f_1}{p}(1-s)$，当转差率变化不大时，n 近似正比于频率，可见改变频率就能改变异步电动机的转速。在变频调速时，总希望主磁通 Φ_m 保持不变。若 $\Phi_m > \Phi_{mN}$（Φ_{mN} 是正常运行时的主磁通），则磁路饱和而使励磁电流增大，功率因数降低；若 $\Phi_m < \Phi_{mN}$，则电动机转矩下降。在忽略定子漏阻抗的情况下，有

$$U_1 \approx E_1 = 4.44 f_1 N_1 k_{w1} \Phi_m$$

为了使变频时 Φ_m 维持不变，则 $\frac{U_1}{f_1}$ 应为定值。下面先推导变频前后电磁转矩的关系。最大电磁转矩为

$$T_{max} = \frac{m_1 p U_X^2}{4\pi f_1 (X_{1\sigma} + X'_{2\sigma})}$$

由于频率 f_1 在变化，有

$$X_{1\sigma} + X'_{2\sigma} = 2\pi f_1 (L_{1\sigma} + L'_{2\sigma})$$

故

$$T_{max} = C\left(\frac{U_X}{f_1}\right)^2$$

其中
$$C = \frac{m_1 p}{8\pi^2(L_{1\sigma} + L'_{2\sigma})}$$

又
$$T_{max} = \lambda T_{emN}$$

其中
$$T_{emN} = C \frac{U_X^2}{\lambda f_1^2} \tag{5-33}$$

式中：T_{emN}——额定电磁转矩。

假设变频后式(5-33)中各物理量为 f'_1、U'_X、T'_{emN}、λ'，则变频前后额定电磁转矩之比为

$$\frac{T'_{emN}}{T_{emN}} = \left(\frac{U'_X}{U_X}\right)^2 \left(\frac{f_1}{f'_1}\right)^2 \left(\frac{\lambda}{\lambda'}\right) \tag{5-34}$$

上式是变频前后电磁转矩之比的一般表达式。

1. 恒转矩调速

当电动机变频前后额定电磁转矩相等，即恒转矩调速时，有
$$T_{emN} = T'_{emN}$$

则
$$\left(\frac{U'_X}{U_X}\right)^2 \left(\frac{f_1}{f'_1}\right)^2 \left(\frac{\lambda}{\lambda'}\right) = 1 \tag{5-35}$$

若令电压随频率做正比变化，即
$$\frac{U_X}{f_1} = \frac{U'_X}{f'_1} \tag{5-36}$$

则主磁通 Φ_m 不变，电动机饱和程度不变，有 $\lambda = \lambda'$，电动机过载能力也不变。电动机在恒转矩变频调速前后性能都能保持不变。

2. 恒功率调速

当电动机带有恒功率负载时，在变频前后，电磁功率相等，即
$$P_M = T_{emN}\Omega_1 = T'_{emN}\Omega'_1$$

则
$$\frac{T'_{emN}}{T_{emN}} = \frac{\Omega_1}{\Omega'_1} = \frac{f_1}{f'_1}$$

由式(5-34)可得
$$\left(\frac{U'_X}{U_X}\right)^2 \left(\frac{f_1}{f'_1}\right) \left(\frac{\lambda}{\lambda'}\right) = 1 \tag{5-37}$$

① 若要维持主磁通不变，即令
$$\frac{U'_X}{U_X} = \frac{f'_1}{f_1}$$

则
$$\frac{\lambda'}{\lambda} = \frac{f'_1}{f_1} \tag{5-38}$$

电动机过载能力随频率做正比变化。

② 若保持过载能力不变，$\lambda = \lambda'$，则

$$\frac{U'_X}{U_X} = \sqrt{\frac{f'_1}{f_1}} \tag{5-39}$$

主磁通要发生变化。

变频调速的优点是调速范围大，平滑性好，变频时 U_X 按不同规律变化，可实现恒转矩调速或恒功率调速，以适应不同负载的要求。这是异步电动机最有前途的一种调速方式，被广泛应用于钢铁、有色金属、石油、石化、化工、化纤、纺织、机械、电力等行业，如轧钢机、卷扬机、球磨机、鼓风机、纺织机及泵类负载等。在我们的日常生活中，家用电器也广泛用变频调速技术节电，如变频空调、变频冰箱等。其缺点是目前控制装置价格仍比较贵。

5.4.3 变转差率调速

变转差率调速就是通过加大转子和定子磁场的转速差来达到调速的目的。变转差率调速的方法有改变定子电压调速、转子串电阻调速和串级调速三种。这些调速方法的共同特点是在调速过程中都产生大量的转差功率。前两种调速方法都是把转差功率消耗在转子电路里，很不经济；而串级调速能将转差功率加以吸收或大部分反馈给电网，提高了经济性能。

1. 改变定子电压调速

对于转子电阻大、机械特性曲线较软的笼型异步电动机而言，若加在定子绕组上的电压发生改变，则负载 T_L 对应于不同的电源电压 U_1、U_2，可获得不同的工作点 a_1、a_2，如图 5-24 所示。改变定子电压调速的缺点是低压时机械特性太软，转速变化大，可采用带速度负反馈的闭环控制系统来解决该问题。

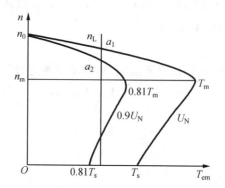

图 5-24 电动机改变电源电压调速的机械特性

由于电动机的转矩与电压的平方成正比，因此其最大转矩会下降很多，电动机的调速范围较小，一般笼型电动机难以应用该方式。为了扩大调速范围，调压调速应采用转子电阻值大的笼型电动机，如专供调压调速用的力矩电动机，或者在绕线式电动机上串联频敏变阻器。为了扩大稳定运行范围，在调速比为 2:1 以上的场合应采用反馈控制，以达到自动调节转速的目的。调压调速的主要装置是一个能提供电压变化的电源，目前常用的调压装置有串联饱和电抗器、自耦变压器以及晶闸管等几种，其中以晶闸管调压装置为最佳。调压调速的特点是：线路简

单、易实现自动控制;调压过程中转差功率以发热形式消耗在转子电阻中,效率较低。调压调速一般适用于 100 kW 以下的生产机械,最常见的应用就是单相吊扇调速和风机类的调速。

2. 转子串电阻调速

绕线式转子异步电动机转子串电阻调速的机械特性如图 5-25 所示。转子串电阻时最大转矩不变,临界转差率增大,其所串电阻越大,运行段特性曲线斜率越大。若带恒转矩负载,则原来运行在固有特性曲线 $R=0$ 的 n_N 点上,在转子串电阻 R_1 后,就运行在 n_1 点上,转速由 n_N 变为 n_1,依此类推。

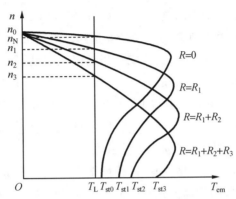

图 5-25 转子串电阻调速的机械特性

因方法简单,转子串电阻调速主要应用于中、小容量的绕线式转子异步电动机,如桥式起重机等。

3. 转子串级调速

转子串级调速是指绕线式电动机转子回路中串入可调节的附加电动势来改变电动机的转差率,以达到调速的目的。大部分转差功率被串入的附加电动势所吸收,利用产生附加电动势的装置,把吸收的转差功率返回给电网或转换成其他形式的能量加以利用。根据转差功率吸收利用方式的不同,串级调速可分为电动机串级调速、机械串级调速及晶闸管串级调速三种形式。实践中多采用晶闸管串级调速,其优点为可将调速过程中的转差损耗回馈给电网或生产机械,效率较高,装置容量与调速范围成正比,投资少,适用于调速范围在额定转速的 70%～90% 的生产机械,调速装置故障时可以切换至全速运行,避免停产。晶闸管串级调速的缺点是功率因数偏低,谐波影响较大。本方法适用于风机、水泵及轧钢机、矿井提升机、挤压机等。

三相异步电动机的机械特性是指在定子电压、频率和参数固定的条件下,电磁转矩 T_{em} 与转速 n(或转差率 s)之间的函数关系。机械特性有三种表达形式,物理表达式用来分析异

步电动机在各种运转方式下的物理过程比较方便。与左手定则配合,可以分析 T_{em} 与磁通 Φ_m 及转子电流的有功分量 $I_2\cos\varphi_2$ 之间的方向与数量关系。参数表达式直接反映异步电动机的电磁转矩与参数的关系,结合参数表达式推导出的 T_{em}、s_m、T_{st} 等表达式,可以分析参数的改变对异步电动机性能与特性的影响,从而得出改善异步电动机性能与特性的途径。实用表达式在电力拖动系统中应用最为广泛。在按产品目录求出 T_{em} 及 s_m 后,实用表达式即可用于绘制机械特性或进行机械特性的计算。

电动机在使用过程中要选择合适的启动方式,因为在启动过程中电动机的启动电流是额定电流的 4~7 倍。对于小功率的电动机,可以直接启动;对于较大功率的电动机,需要间接启动,具体的启动方式要根据负载的实际需要选择。启动方式有笼型异步电动机的定子回路串电抗降压启动、Y-△降压启动、自耦变压器降压启动;绕线式异步电动机的转子串电阻启动、转子绕组串频敏变阻器启动。

若电磁转矩 T_{em}、转速 n 中有一项与正向电动状态方向相反,即 T_{em} 与 n 方向相反,电动机就工作在电磁制动状态。在此状态下,电动机转轴从外部吸收机械功率而转换成电功率。制动的方法有反接制动、反向回馈制动和能耗制动。

异步电动机具有结构简单、价格便宜、运行可靠、维护方便等优点,但在调速性能上比不上直流电动机。异步电动机的调速方式有三种:变极调速、变频调速和改变转差率 s 调速。

思考与练习题

5-1 增加三相异步电动机的转子电阻对电动机的机械特性有什么影响?

5-2 三相异步电动机的电磁转矩与电源电压有什么关系?如果电源电压下降 20%,电动机的最大转矩和启动转矩将变为多大?

5-3 三相异步电动机的启动电流为什么很大?有什么危害?

5-4 三相异步电动机的自耦变压器降压启动的特点是什么?适用于什么场合?

5-5 简述三相异步电动机反接制动的特点及适用场合。

5-6 简述能耗制动的工作原理、特点及适用场合。

5-7 三相笼型异步电动机有哪几种调速方法?各有哪些优缺点?

5-8 回馈制动有什么优点?适用于什么场合?

5-9 一台绕线式异步电动机的数据为:$P_N=7.5$ kW,$U_N=380$ V,$I_N=15.7$ A,$n_N=1\,460$ r/min,$\lambda_m=3.0$,$T_0=0$。求:

(1) 临界转差率 s_m 和最大转矩 T_{max}。

(2) 写出固有机械特性的实用表达式并绘出固有机械特性。

5-10 一台三相绕线式异步电动机的数据为:$P_N=75$ kW,$U_N=380$ V,$I_N=148$ A,$n_N=720$ r/min,$\eta_N=90.5\%$,$\cos\varphi_N=0.85$,$\lambda_m=2.4$,$E_{2N}=213$ V,$I_{2N}=220$ A。求:

(1) 额定转矩；

(2) 最大转矩；

(3) 临界转差率；

(4) 固有机械特性曲线上的四个特殊点。

5-11 有一台三相感应电动机，额定功率 $P_N = 7.5$ kW，额定频率为 50 Hz，额定转速 $n_N = 2\,890$ r/min，最大转矩 $T_{max} = 57\,000$ N·m。求该电动机的过载系数和转差率。

5-12 一台三相笼型异步电动机的数据为：$P_N = 40$ kW，$U_N = 380$ V，$n_N = 2\,930$ r/min，$\eta_N = 0.9$，$\cos\varphi_N = 0.85$，$k_i = 5.5$，$k_{st} = 1.2$，定子绕组为三角形连接，供电变压器允许的启动电流为 150 A，能否在下列情况下用 Y—△ 降压启动？

(1) 负载转矩为 $0.25T_N$；

(2) 负载转矩为 $0.5T_N$。

5-13 有一台三相四极异步电动机，额定功率为 $P_N = 28$ kW，$U_N = 380$ V，$\eta_N = 90\%$，$\cos\varphi_N = 0.88$，转子每相电阻 $R_2 = 0.015$ Ω。额定运行时，转子相电流为 200 A，$n_N = 1\,475$ r/min，计算额定电磁转矩。若保持额定负载转矩不变，在转子回路串电阻，使转速降低到 1 200 r/min，求转子每相应串入的电阻值，此时定子电流、电磁功率、输入功率是否变化？

项目 6　其他用途的电机

控制电机是在普通旋转电机的基础上形成的具有特殊功能的小型旋转电机。控制电机在控制系统中主要作为执行元件、检测元件和运算元件。从工作原理上看,控制电机和普通电机没有本质上的差异,但普通电机的功率大,侧重于电机的启动、运行和制动等方面的性能指标,而控制电机的输出功率较小,侧重于电机的控制精度和响应速度等方面的性能指标。

控制电机按其功能和用途可分为动作执行类控制电机和信号检测与传递类控制电机两大类。动作执行类控制电机包括步进电机、伺服电机和直线电机;信号检测与传递类控制电机包括测速类发电机、旋转变压器和自整角机等。

任务 6.1　认识步进电动机

【任务设置】

随着微电子和计算机技术的发展,步进电动机被广泛应用于各个领域。要认识步进电动机,就必须学会测定步进电动机的特性。

【任务目标】

① 掌握步进电动机的结构、原理及基本特性的测定方法。
② 了解步进电动机的性能指标和驱动电源。

【相关知识】

步进电动机是一种由电脉冲控制的特殊同步电动机,其作用是将电脉冲信号变换为相应的角位移或线位移。步进电动机与一般电动机不同:一般电动机通电后连续转动;步进电动机则是通以电脉冲信号后一步一步转动,每通入一个电脉冲信号,只转动一个角度。因此,步进电动机又称为脉冲电动机。步进电动机可以实现信号变换,是自动控制系统和数字控制系统中广泛应用的执行元件。步进电动机在数控机床、打印机、绘图仪、机器人控制、石英钟表等场合都有应用。

步进电动机的角位移或线位移与脉冲数成正比,其转速 n 或线速度 v 与脉冲频率 f 成正比。在负载能力范围内,这些关系不因电源电压、负载大小以及环境条件的波动而变化。步进电动机可以在很宽的范围内通过改变脉冲频率来调速;能够快速启动、反转和制动。它能直接将数字脉冲信号转换为角位移,很适合采用微型计算机控制。

6.1.1 步进电动机的结构及工作原理

1. 步进电动机的分类

步进电动机的结构形式和分类方法很多。按工作原理不同,分成反应式、永磁式和永磁感应式三种。按运动状态不同,又分为旋转式、直线运动式和平面运动式三种。其中,反应式步进电动机具有步距小、响应速度快、结构简单等优点,广泛应用于数控机床、自动记录仪、计算机外围设备等数控设备。本任务仅介绍目前应用广泛的反应式旋转运动步进电动机的基本结构、工作原理及应用。

2. 反应式旋转运动步进电动机的基本结构

反应式旋转运动步进电动机有单段式和多段式两类。目前使用最多的是单段式,其结构示意图如图 6-1 所示。它的定子和转子均用硅钢片或其他软磁性材料制成,定子磁极数为相数的 2 倍,每对定子磁极上绕有一对控制绕组,称为一组。在定子磁极极面和转子外缘都开有分布均匀的小齿,两者齿型和齿距相同。如果使两者齿数恰当配合,可使 U 相磁极的小齿与转子小齿一一对正,而 V 相磁极的小齿与转子小齿错开 $\frac{1}{3}$ 齿距,W 相则错开 $\frac{2}{3}$ 齿距。这种结构的优点在于:电动机制造简单、精确度高,每转一步所对应的转子转角(步距角)小,容易获得较高的启动转矩和运行频率;不足之处是当电动机直径较小而相数较多时,沿径向分相困难。

3. 反应式步进电动机的工作原理

反应式步进电动机的工作原理如图 6-2 所示。当 U 相绕组通入直流电(或电脉冲)时,转子被定子磁场磁化,磁场力将转子轴线拉至与 U 相绕组轴线重合的位置。此时,若切换为 V 相绕组通电(或电脉冲),则转子在定、转子间磁场力的作用下沿顺时针方向旋转 60°。每转动一步,转子可以准确自锁,不会因惯性而发生错位。

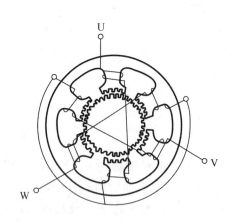 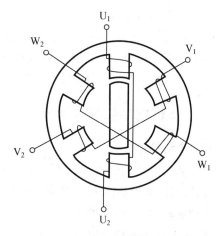

图 6-1 反应式步进电动机结构　　图 6-2 反应式步进电动机工作原理

上面所讲的步进电动机的"三相"不同于交流电动机的"三相",它只表明定子圆周上有三套独立的控制绕组,但不能同时通电。在工程技术上,从一相通电切换到另一相通电称为一拍,而三相依次通电的运行方式称为三相单三拍运行方式。在实际使用中,为了减小步距角,还可 U、V 两相同时通电,使转子轴线转至 U、V 两相之间的轴线上。

这类按 UV-VW-WU 的顺序,两相同时依次通电的运行方式称为三相双三拍运行方式。此外,还可按 U-UV-V-VW-W-WU 的组合方式依次通电,称为三相六拍运行方式,其步距角更小。

为了进一步减小步距角,多采用如图 6-2 所示的槽齿结构。在 U 相通电时,U 相磁极小齿与转子小齿一一对正,V 相磁极小齿与转子小齿错开 $\frac{1}{3}$ 齿距,而 W 相定子与转子轴线间错开 $\frac{2}{3}$ 齿距。若切换为 V 相绕组通电,转子将转过 $\frac{1}{3}$ 齿距,使 V 相磁极小齿与转子小齿一一对正。此时,W 相定子与转子轴线间只错开 $\frac{1}{3}$ 齿距。当 V 相断电,W 相通电时,转子又转过 $\frac{1}{3}$ 齿距,使 W 相磁极小齿与转子小齿一一对正。由此得出如下结论:设转子齿数为 Z,步进电动机拍数为 N,则转子每转过一个齿距,相当于在空间转过了 $360°/Z$,而每一拍所转角度为齿距的 $\frac{1}{N}$,所以步距角为

$$\theta_s = \frac{360°}{ZN} \tag{6-1}$$

可以看出,步距角与步进电动机的转子齿数成反比,与拍数成反比。例如,对于 $Z=40$ 的三相三拍步进电动机,其步距角为 3°。

6.1.2 步进电动机的性能指标和驱动电源

1. 步进电动机的性能指标

① 步距角:指输入一个电脉冲信号,步进电动机转子相应的角位移,用度数(°)表示,又

称脉冲当量。

② 精度:指静态步距角误差和静态步距角的累积误差。

③ 启动转矩:指步进电动机从静止状态突然启动而不失步的最大输出转矩。

④ 最高启动频率:指步进电动机空载启动和停止时不失步的最高频率。

⑤ 运行频率:指步进电动机在额定条件下无失步运行的最高频率。

2. 步进电动机的驱动电源

步进电动机是由专用的驱动电源来供电的,驱动电源和步进电动机是一个有机整体。步进电动机的运行性能是由步进电动机和驱动电源两者配合所反映出来的综合效果。

步进电动机的驱动电源基本上包括变频信号源、脉冲分配器和脉冲放大器三个部分,如图 6-3 虚线框内所示。

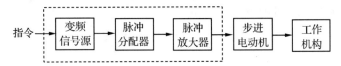

图 6-3 步进电动机的驱动电源

变频信号源是一个频率从十赫兹到几十千赫可连续变化的信号发生器。变频信号源可以采用多种线路,最常见的有多谐振荡器和由单结晶体管构成的弛张振荡器两种。它们都是通过调节电阻 R 和电容 C 的大小来改变电容充放电的时间常数,以达到选取脉冲信号频率的目的。

脉冲分配器是由门电路和双稳态触发器组成的逻辑电路,它根据指令把脉冲信号按一定的逻辑关系加到放大器上,使步进电动机按一定的运行方式运转。

从脉冲分配器输出的电流只有几毫安,不能直接驱动步进电动机,因为步进电动机需要几安到几十安培电流,因此在脉冲分配器后面都装有功率放大电路,用放大后的信号去推动步进电动机。

任务 6.2　认识伺服电动机

伺服电动机也称执行电动机,在自动控制系统中作为执行元件,其作用是将输入的控制电压信号转换为转轴的角速度或角位移输出。伺服电动机与一般的旋转电动机不一样,旋转电动机侧重于机电能量的转换,而伺服电动机侧重于控制特性的高精度和快响应。

自动控制系统对伺服电动机有以下几方面的基本要求:

① 尽可能高的快速响应性能,即转子的转动惯量小,转矩/惯量比大。

② 良好的低速平稳性,无自转现象,即控制电压为零时,电动机迅速自动停转。

③ 尽可能大的调速范围。

④ 具有线性的机械特性和调节特性。

⑤ 过载能力强。

【任务设置】

在学习交流伺服电动机工作原理的基础上，掌握交流伺服电动机的特性和控制方法。在学习直流伺服电动机工作原理的基础上，掌握直流伺服电动机的机械特性及特点和应用。

【任务目标】

① 了解交流伺服电动机的结构。
② 掌握交流伺服电动机的原理及应用。
③ 掌握直流伺服电动机的控制方式及机械特性。
④ 了解直流伺服电动机的特点与应用。

【相关知识】

6.2.1 交流伺服电动机

交流伺服电动机实质上就是一种微型交流异步电动机。它的功率一般在 100 W 以下。

1. 交流伺服电动机的结构

交流伺服电动机的定子结构与单相电容运转异步电动机相似。如图 6-4 所示，交流伺服电动机的定子圆周上装有两个互差 90°电角度的绕组，一个叫励磁绕组 f，另一个叫控制绕组 C。励磁绕组与交流电源 U_f 相连，控制绕组接输入信号电压 U_c，所以交流伺服电动机又称两相伺服电动机。

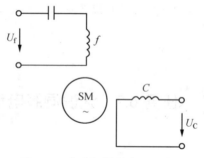

图 6-4　交流伺服电动机原理图

交流伺服电动机的转子通常做成鼠笼式，但转子的电阻比一般异步电动机大得多。为了使伺服电动机输入信号能有快速的反应，必须尽量减小转子的转动惯量，所以转子一般做得细而长。

2. 交流伺服电动机的工作原理

交流伺服电动机的工作原理和单相电容运转异步电动机相似。在没有控制信号时，定子内只有励磁绕组产生的脉动磁场，转子上没有电磁转矩作用而静止不动。当有控制电压时，定子就在气隙中产生一个旋转磁场，并产生电磁转矩，使转子沿旋转磁场的方向旋转。

3. 交流伺服电动机的控制方法

由于电磁转矩的大小取决于气隙磁场的每极磁通量和转子电流的大小及相位,即取决于控制电压 U_C 的大小和相位,所以采用下列三种方法来控制电动机,使之启动、旋转、调速和停止。

(1) 幅值控制

幅值控制即保持控制电压 U_C 的相位角不变,仅仅改变其幅值大小。

(2) 相位控制

相位控制即保持控制电压 U_C 的幅值不变,仅仅改变其相位。

(3) 幅相控制

幅相控制即同时改变控制电压 U_C 的幅值和相位。

4. 交流伺服电动机的特点与应用

交流伺服电动机与单相异步电动机相比,有三个显著特点。

① 启动转矩大:由于转子电阻很大,定子加控制电压,转子可立即启动运转。

② 运行范围宽:转差率的范围在 0~1 内,伺服电动机都能稳定运转。

③ 无自转现象:正常运转的伺服电动机只要失去控制电压,电动机立即停止运转。

交流伺服电动机具有无刷、高可靠性、运行平稳、噪声小、散热好和转动惯量小等优点,缺点是控制特性非线性,转子电阻大,造成损耗大、效率低。交流伺服电动机只适用于 0.5~100 W 的小功率控制系统。

6.2.2 直流伺服电动机

直流伺服电动机实质上就是一台他励式直流电动机,其结构、原理与一般直流电动机基本相同。

1. 直流伺服电动机的控制方式

直流伺服电动机有他励式和永磁式两种,其转速由信号电压控制。信号电压若加在电枢绕组两端,称为电枢控制;若加在励磁绕组两端,称为磁极控制。电枢控制的直流伺服电动机的机械特性线性度较好,不需要换向极;且电枢回路电感较小,因而电磁惯性较小;故其响应速度比磁极控制式快,所以在工程上多采用电枢控制式。

2. 直流伺服电动机的机械特性

电枢控制式直流伺服电动机的接线原理如图 6-5(a)所示。保持 U_f 为恒定值,改变电枢电压,可得到一组平行的机械特性曲线。直流伺服电动机的机械特性如图 6-5(b)所示。

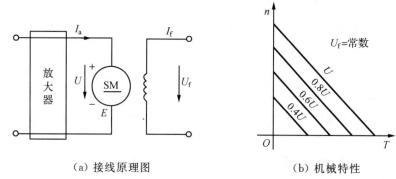

(a) 接线原理图　　　　　　　　　(b) 机械特性

图 6-5　电枢控制式直流伺服电动机的接线原理图及机械特性

3. 直流伺服电动机的特点与应用

直流伺服电动机的优点是具有线性的机械特性,启动转矩大,调速范围宽广而平滑,无自转现象;且与同容量的交流伺服电动机相比较,体积小,质量轻。其缺点是转动惯量大,灵敏度差;转速波动大,低速运转不平稳;换向火花大,寿命短,对无线电干扰大。

为了满足自动控制系统对伺服电动机快速响应性越来越高的要求,近年来,在传统直流伺服电动机的基础上,出现了低惯量的无槽电枢、空心杯电枢、印制绕组电枢和无刷直流伺服电动机。

低惯量直流伺服电动机多用于高精度的自动控制系统及测量装置等设备中,如电视摄像机、录音机、X-Y 函数记录仪及机床控制系统等。这类电动机是直流伺服电动机的发展方向,应用日趋广泛,因此在国内外引起许多使用和制造单位的重视。

直流伺服电动机一般用在功率稍大的系统中,其输出功率为 1~600 W。目前国内生产的直流伺服电动机主要有 SY 和 SZ 两个系列,SY 系列为永磁式结构,SZ 为电磁式结构。

6.2.3　伺服电动机的应用

伺服电动机应用的领域很广。只要是有动力源的、对精度有要求的场合,都可能用到伺服电动机,如机床、印刷设备、包装设备、纺织设备、激光加工设备、机器人、自动化生产线等对工艺精度、加工效率和工作可靠性等要求相对较高的设备。

任务 6.3　认识同步电机

同步电机是交流旋转电机的一种,它的转子旋转速度与定子绕组所产生的旋转磁场速度是一样的,所以称为同步电机。同步电机主要用作发电机,也可用作电动机和同步补偿机。现代电力工业中的发电机,几乎全部采用同步发电机。同步电动机在结构上比异步电动机复杂,价格高,维护量大,应用受限,但因其具有效率高、过载能力强等优点,主要用于功率较大、不要求调节转速的生产机械,如大型水泵、空气压缩机、矿井通风机等。同步补偿机专门用来改善电网的功率因数,以提高电网运行的经济性及电压的稳定性。

随着电力电子技术的发展,新型变频器的出现及控制技术的发展,同步电动机和异步电动机一样都可以进行变频调速,同步电动机的启动问题也得到了改善。

近年来,由于永磁材料和电子技术的发展,微型同步电机得到了越来越广泛的应用。

【任务设置】

同步电机既可作为发电机运行,也可作为电动机运行。同步电动机也是一种三相交流电动机,它广泛应用于需要恒速运行的机械设备中。例如,大流量低水流的泵,面粉厂的主转动轴、破碎机、切碎机、造纸工业中的纸浆研磨机、匀浆机、压缩机、直流发电机,轧钢机等。请分析同步电机的工作原理。

【任务目标】

① 掌握同步电机的工作原理及分类。
② 了解同步电机的铭牌与结构。

【相关知识】

6.3.1 同步电机的基本工作原理

1. 同步电机的基本工作原理

如图 6-6 所示,同步电机的基本结构部件有定子铁芯、定子三相对称绕组、转子铁芯和励磁绕组。当励磁绕组通以直流电流后,转子立即建立恒定磁场。作为发电机,当原动机拖动转子旋转时,其定子绕组切割磁力线而产生交流感应电动势,该电动势的频率为

$$f = \frac{pn}{60} \quad (6-2)$$

式中:p——电机的极对数;

n——转子每分钟转数(r/min)。

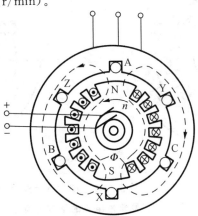

图 6-6 同步发电机的工作原理

如果同步发电机接上负载,在电动势作用下,将有三相电流流过。这说明同步发电机把机械能转换成了电能。

如果同步电机作为电动机运行,当在定子绕组上施以三相交流电压时,电机内部产生一个定子旋转磁场,其旋转速度为同步转速 n_1,这时,转子绕组仍通以直流电流,则转子所建立的恒定磁场将在定子旋转磁场的带动下,沿定子磁场的方向以相同的转速旋转,转子的转速为

$$n = n_1 = \frac{60f}{p} \tag{6-3}$$

此时,同步电动机将电能转换为机械能。

综上所述,同步电机无论作为发电机还是作为电动机运行,其转速与频率之间都将保持严格不变的关系。电网频率一定时,电机转速为恒定值,这是同步电机和异步电机的基本差别之一。

由于我国电力系统的标准频率为 50 Hz,所以同步电机的转速为 $n_1 = \frac{3\,000}{p}$ r/min。经计算可知,二极电机的转速为 3 000 r/min,四极电机的转速为 1 500 r/min,依此类推。

2. 同步电机的分类

同步电机按运行方式,可分为发电机、电动机和调相机三类;按原动机类别,可分为汽轮发电机、水轮发电机和柴油发电机等;按磁极的形状,又可分为隐极式和凸极式两种类型,如图 6-7 所示。隐极式气隙是均匀的,转子做成圆柱形。凸极式有明显的磁极,气隙是不均匀的,极弧底下气隙较小,极间部分气隙较大。

汽轮发电机由于转速高,转子各部分受到的离心力很大,机械强度要求高,故一般采用隐极式;水轮发电机转速低、极数多,故都采用结构和制造比较简单的凸极式;同步电动机、柴油发电机和调相机一般也做成凸极式。

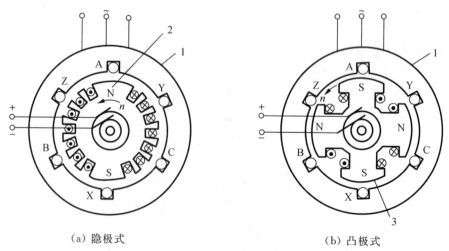

(a)隐极式　　　　　　　(b)凸极式

1—定子;2—隐极式转子;3—凸极式转子。

图 6-7　同步发电机的结构示意图

6.3.2 同步电机的铭牌与结构

1. 同步发电机的铭牌

同步发电机机座外壳上贴有铭牌,它是电机制造厂向用户介绍该台电机的特点和额定数据的,通常标有型号、额定值、绝缘等级等内容。

(1) 型号

我国生产的发电机型号都是由汉语拼音大写字母与数字组成。

例如,一台汽轮发电机的型号为 QFSN-300-2,其意义如下。

QF:汽轮发电机;

SN:水内冷,表示发电机的冷却方式为水氢氢;

300:发电机输出的额定有功功率,单位为 MW;

2:发电机的磁极个数。

又如,一台水轮发电机的型号为 TS-900/35-56,其意义如下。

T:同步;

S:水轮发电机;

900:定子铁芯外径,单位为 cm;

135:定子铁芯长度,单位为 cm;

56:磁极个数。

(2) 额定电压 U_N

指在制造厂规定的额定运行情况下,定子三相绕组上的额定线电压,单位为 V 或 kV。

(3) 额定电流 I_N

额定运行时,流过定子绕组的线电流,单位为 A。

(4) 额定功率 P_N

指额定运行时,发电机的输出功率,单位为 kW 或 MW。

(5) 额定功率因数 $\cos\varphi_N$

额定运行时,发电机的功率因数。

$$P_N = \sqrt{3} U_N I_N \cos\varphi_N \tag{6-4}$$

(6) 额定转速 n_N

同步发电机的同步转速,单位为 r/min。

(7) 额定频率 f_N

我国标准工业频率为 50 Hz,故 $f_N = 50$ Hz。

此外,电机铭牌上还常列出绝缘等级、额定励磁电压 U_{fN} 和额定励磁电流 I_{fN}。

2. 同步电机的结构

图 6-8 为一台汽轮发电机的基本结构图,它由定子和转子两部分组成。

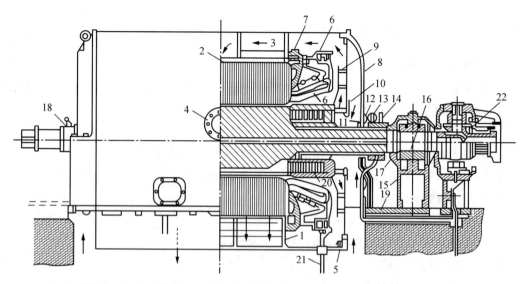

1—定子机座；2—定子铁芯；3—外壳；4—吊起定子设备；5—防火导水管；6—定子绕组；
7—定子压紧环；8—外护板；9—里护板；10—通风壁；11—导风屏；12—电刷架；
13、14—电刷；15—轴承座；16—轴承衬；17—油封口；18—汽轮机的油封口；
19—基本板；20—转子；21—端线；22—励磁机。

图 6-8　汽轮发电机的基本结构图

（1）定子

同步发电机的定子主要由定子铁芯、定子绕组、机座、端盖、轴承等部件组成。

① 定子铁芯。

定子铁芯是电机的主要部件，它起着构成主磁路和固定定子绕组的重要作用。一般要求定子铁芯导磁性能好，损耗低，刚度好，振动小，并在结构及通风系统布置上能有良好的冷却效果。

定子铁芯是由 0.35 mm 或 0.5 mm 厚的冷轧扇形硅钢片叠装而成，如图 6-9 所示。为了减小铁芯的涡流损耗，每张硅钢片表面涂有绝缘漆。为了利于散热和冷却，铁芯沿轴向分段，每段厚 30~60 mm，段间由径向通风孔隔离，冷却气体通过这些通风孔对铁芯冷却。整个铁芯通过端部压板及定位筋牢固地连成一个整体。

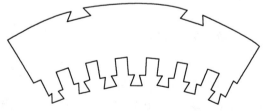

图 6-9　定子铁芯扇形片

② 定子绕组。

定子绕组又称为电枢绕组，是发电机进行能量转换的核心部位。大型同步发电机定子绕组通常采用三相双层短距叠绕组形式。为了冷却的需要，线棒除了采用实心的导线外，还通常采用空心与实心导线组合的形式。空心导线可实现发电机的定子绕组水内冷。为了防止突然短路时电流产生的巨大电磁力而引起端部变形,绕组的端部要用线绳绑扎或压板紧固,如图6-10所示。

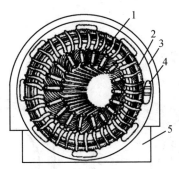

1—定子绕组;2—端部连接线;3—机壳;4—通风口;5—机座。

图6-10 定子绕组

③ 机座和端盖。

发电机的机座与端盖也称为电机外部壳体,起着固定电机、保护内部构件以及支撑定子绕组和铁芯的作用。机座是由厚钢板卷制焊接而成,它必须有足够的强度和刚度,在机座与铁芯之间需留有适当的通风道,满足通风和散热的需要。

(2) 转子

转子由转子铁芯、励磁绕组、阻尼绕组、护环和中心环等组成。

① 转子铁芯。

转子铁芯既是电机磁路的主要组成部分,又承受着由于高速旋转而产生的巨大离心力,因而其材料既要求有良好的导磁性能,又要求有很高的机械强度。一般采用优质合金钢制成。如图6-11所示,在其外圆上开有槽,构成发电机的主磁极。

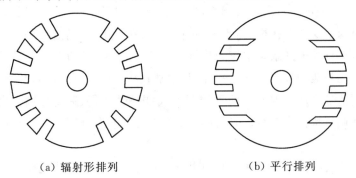

(a) 辐射形排列　　　　(b) 平行排列

图6-11 转子铁芯

② 励磁绕组。

励磁绕组是由扁铜线绕成的同心式线圈串联而成,且利用不导磁、高强度材料做成的槽楔将励磁绕组在槽内压紧。

③ 阻尼绕组。

大容量汽轮发电机为了减少不对称运行时转子发热,有时在每一槽楔与转子导体之间放置一细长铜片,将其两端接到转子两端的阻尼绕组端环上,形成一短路绕组,这一短路绕组称为阻尼绕组。它在正常运行时不起作用,而当电机负载不对称或发生振荡时,阻尼绕组中的感应电流将起屏蔽作用,从而减弱负序旋转磁场和由其引起的转子杂散损耗及发热,并使振荡衰减。

④ 护环和中心环。

护环用以保护励磁绕组的端部不致因离心力而甩出。中心环用以支持护环,并阻止励磁绕组的轴向移动,如图 6-12 所示。

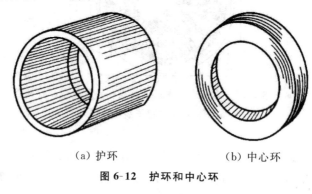

(a) 护环　　　　　　(b) 中心环

图 6-12 护环和中心环

小　结

步进电动机是一种将脉冲信号转换成角位移或直线位移的执行元件,广泛应用于数字控制系统中。步进电动机每给一个脉冲信号就前进一步,转动一个步距角,所以它能按照控制脉冲的要求启动、停止、反转、无级调速,在不失步的情况下,角位移的误差不会长期积累。

步进电动机的主要性能指标有:步距角、精度、启动转矩、最高启动频率、运行频率等。

伺服电动机在自动控制系统中作为执行元件使用,分交流、直流两类。直流伺服电动机的基本结构和特性与他励直流电动机一样,其中励磁绕组或电枢绕组作为励磁之用,另一绕组作为接受控制信号之用。因此有两种控制方式:电枢控制和磁场控制。由于电枢控制方式的机械特性和调节特性均为线性,时间常数和励磁功率小,响应迅速,故电枢控制方式得到广泛应用。

交流伺服电动机的励磁绕组和控制绕组分别相当于分相式异步电动机的主绕组和辅助绕组。控制绕组的信号电压为零时,气隙中只产生脉动磁场,电动机无启动转矩;控制绕组有信号电压时,电动机气隙中形成旋转磁场,电动机产生启动转矩而启动。但电动机一经启动,即使控制信号消失,转子仍继续旋转,这种失控现象称为"自转",是不符合控制要求的。为了消除自转现象,将伺服电动机的转子电阻设计得较大,使其在有控制信号时迅速启动;一旦控制信号消失就立即停转。

交流伺服电动机的控制方式有三种:幅值控制、相位控制和幅相控制。它们都是通过控制气隙磁场的椭圆度来调节转速。

为了减小交流伺服电动机的转动惯量，转子采用杯形和套筒形结构。

同步电机的转子转速与电枢电流的频率存在严格不变的关系，即转子转速恒等于电枢旋转磁场的转速。同步电机的结构特点是定子铁芯上嵌放三相对称绕组，转子铁芯上装置直流励磁绕组。对于高速电机采用隐极式转子，转子为圆柱形，电机气隙均匀，励磁绕组为同心式分布绕组。对低速电机，采用凸极式转子，气隙不均匀，励磁绕组集中绕组。由于转子结构不同，隐极电机和凸极电机的分析方法与参数存在差异。

同步电动机的最大优点是调节励磁电流可以改变功率因数。在一定有功功率下，改变励磁电流可得到同步电动机的 U 形曲线。过励时从电网吸收超前无功功率，欠励时从电网吸收滞后无功功率。

思考与练习题

6-1 步进电动机的转速与哪些因素有关？如何改变其转向？

6-2 交流伺服电动机的"自转"现象指什么？采用什么办法消除"自转"现象？如何改变交流伺服电动机的旋转方向？

6-3 直流伺服电动机常用什么控制方式？为什么？

6-4 如何从电磁关系上说明电枢控制式直流伺服电动机和磁场控制式直流式伺服电动机的性能不同？

6-5 同步电动机欠励运行时，从电网吸收什么性质的无功功率？过励时，从电网吸收什么性质的无功功率？

参考文献

[1]　[美]乌曼.电机学[M].7版.刘新正,苏少平,高琳,译.北京:电子工业出版社,2014.

[2]　张晓江,顾绳谷.电机及拖动基础[M].5版.北京:机械工业出版社,2016.

[3]　徐建俊,居海清.电机拖动与控制[M].北京:高等教育出版社,2015.

[4]　汤天浩,谢卫.电机与拖动基础[M].3版.北京:机械工业出版社,2017.

[5]　李光中,周定颐.电机及电力拖动[M].4版.北京:机械工业出版社,2013.

[6]　武际花.电机与电力拖动[M].北京:中国电力出版社,2017.

[7]　邹珺.电机与拖动[M].北京:中国电力出版社,2011.

[8]　孟宪芳.电机及拖动基础[M].3版.西安:西安电子科技大学出版社,2017.

[9]　吴丽.电机拖动与电气控制[M].北京:机械工业出版社,2018.

[10]　莫莉萍.电机与拖动基础项目化教程[M].北京:电子工业出版社,2018.

[11]　叶云汉.电机与电力拖动项目教程[M].北京:科学出版社,2018.

[12]　陈众.电机模型分析及拖动仿真:基于MATLAB的现代方法[M].北京:清华大学出版社,2017.

[13]　[美]沙欣·费利扎德.电机及其传动系统:原理、控制、建模和仿真[M].杨立永,译.北京:机械工业出版社,2015.